U0226121

荷兰工业企业
土壤污染防治指南

[荷兰] Rijkswater Staat Ministry of Infrastructure and Water Management 著

王夏晖　刘瑞平　朱文会　孟玲珑　黄国鑫　译

中国环境出版集团·北京

图书在版编目（CIP）数据

荷兰工业企业土壤污染防治指南/［荷兰］荷兰公共工程与水管理部著；王夏晖等译. —北京：中国环境出版集团，2020.9

ISBN 978-7-5111-4460-7

Ⅰ. ①荷…　Ⅱ. ①荷…②王…　Ⅲ. ①工业企业—土壤污染—污染防治—荷兰—指南　Ⅳ. ①X53-62

中国版本图书馆 CIP 数据核字（2020）第 191050

出 版 人　武德凯
责任编辑　葛　莉
文字编辑　史雯雅
责任校对　任　丽
封面设计　彭　杉

出版发行　中国环境出版集团
　　　　　（100062　北京市东城区广渠门内大街 16 号）
　　　网　　址：http://www.cesp.com.cn
　　　电子邮箱：bjgl@cesp.com.cn
　　　联系电话：010-67112765（编辑管理部）
　　　发行热线：010-67125803，010-67113405（传真）
印　　刷　北京建宏印刷有限公司
经　　销　各地新华书店
版　　次　2020 年 9 月第 1 版
印　　次　2020 年 9 月第 1 次印刷
开　　本　787×1092　1/16
印　　张　8.25
字　　数　166 千字
定　　价　38.00 元

中国环境出版集团郑重承诺：
中国环境出版集团合作的印刷单位、材料单位均具有中国环境标志产品认证；
中国环境出版集团所有图书"禁塑"。

目录

A1

土壤污染防治

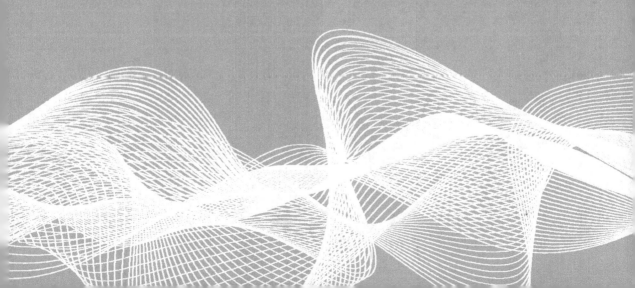

A1.1 土壤保护：原因和适用范围

　　荷兰现已制定了《荷兰工业企业土壤污染防治指南》，旨在确保许可条件的统一与协调实施。采用该指南就可以在制度范围内对土壤保护措施与设施的设计进行评估，并为决策者优化土壤保护战略指明方向。

　　《荷兰工业企业土壤污染防治指南》仅适用于正常的工业运营和可预见的事故，不涉及在灾害情况下的土壤保护。

A1.1.1 原因：将土壤风险限制在可忽略不计的范围内

　　《环境管理法》中涉及的设施与许可条例所规定的工业活动，都必须持有环境许可证。根据《环境管理法》中的合理、可行、尽量低的原则，主管部门可以增补许可条件。该原则一方面要求所涉及措施和设施应该为环境提供最大可能的保护，另一方面，这些措施也应该合理、可行。

　　颁发许可证的主管部门必须通过制定适当的条件，并监督其实施，防止那些对土壤构成威胁的工业活动造成土壤污染。该指南介绍了这种活动的土壤风险，并表明可以采取或使用何种土壤保护措施和设施来限制风险。国家土地政策的出发点是：务必通过有效的措施和设施，将工业活动中产生的土壤风险尽可能限制在可忽略不计的范围内（土壤风险类别A）。

　　《土壤保护法》和《环境管理法》规定，许可证持有人有义务对其造成的土壤污染进行清理（清理责任），并有责任承担恢复土壤质量所产生的费用。

　　即使在土壤风险可以忽略不计的情况下，也不能完全排除土壤污染。因此，在工业活动开展之前，必须采用土壤污染调查的方式确定土壤质量[①]。通过对最终土壤调查与最初土壤调查的数据进行比较，识别土壤污染。

　　在土壤风险可以忽略不计的情况下，只要确保已经采取或使用有效的措施和设施，土壤清理的费用通常会由环境责任保险承担。对于可接受的、增加的或较高的土壤风险的情况[②]，情形有所不同，在这些情况下，必须对土壤清理费用的未承包部分进行预测（如通过财政担保）。通过对土壤质量的有效监测，尽可能减少受影响的土壤范围，降低风险，同时降低清理成本，确保土壤风险处于可接受的范围内。

　　在许可条件中，应当明确可忽略不计的土壤风险的构成条件和相应的土壤调查事项。

---

① 见 A2.2.2 部分。
② 见 A2.3.2 部分中的土壤风险注释。

A1.1.2　适用范围

《荷兰工业企业土壤污染防治指南》适用于《环境管理法》中的设施与许可条例所规定的企业活动。该指南列举了对土壤构成威胁的活动事项及相应的土壤保护措施和设施。

该指南仅针对一般的保护等级，针对环境保护区域的设施没有额外的要求。

一般的行政命令是否适用于一项活动，取决于该行政命令中的土壤保护规定是否适用于该项目活动，或者《荷兰工业企业土壤污染防治指南》是否可以作为土壤保护的依据。

《荷兰工业企业土壤污染防治指南》不适用于垃圾填埋；在《土壤保护填埋法令》中已经对垃圾填埋制定了相关规则。

A1.2　控制土壤风险

A1.2.1　可忽略的土壤风险

对每项单独的工业活动，都必须确定措施（软件）和设施（硬件），尽可能将土壤风险控制在可忽略不计的范围内[①]。

这些措施包括针对设施的某个部分，如楼层、路面和/或封闭设施（集水盘），所进行的检查和维护活动，以及对企业正常经营活动的监督，并且在发生事故时，有针对性地进行干预。

措施和设施必须相互协调。如果设施有效性不够，就需要更严格的控制措施，反之亦然。

对土壤保护措施和设施的有效性评估，有赖于土壤风险分析。为此，可采用土壤风险检查表（BRCL，见 A3.3 部分）。

在评估土壤风险时，所涉及物质的性质和数量是次要的。如果可以清楚地证明所释放的物质不会渗入土壤，或者其数量或成分不足以造成土壤质量的明显改变，就可忽略这类土壤风险。

现已针对某些工业部门或工厂，制定了特殊的土壤风险评估系统。上述方法的最终结果可以纳入《荷兰工业企业土壤污染防治指南》进行使用。

---

① 根据《环境管理法》（截至 2000 年 10 月 1 日）第 8.40 条，以敕令形式要求采取和使用能够产生可以忽略不计的土壤风险结果的设施和措施。

A1.2.2 措施和设施

措施和设施的有效性以排放分值来体现。排放分值可以反映土壤污染物释放及进入土壤的概率。这时，企业活动的性质、工厂的实施情况、土壤保护设施、维护与控制措施发挥主要作用。

根据经验，如果具备下面条件之一，土壤保护在技术上就是可靠的。其条件包括：

● 存在双重保护，如密封外壳与防渗底表面结合；

● 外壳和下表面保留的液体在渗透进入土壤之前采取有效的清除泄漏措施。

此外，泄漏的检验效率决定了所需的措施和设施的重要程度。

是否保留下表面，取决于污染物的性质和数量，以及相应的措施。

《荷兰工业企业土壤污染防治指南》集中介绍了工业活动，下文对五类可能有害的工业活动予以概述。

针对各类工业活动确定土壤保护措施和设施，将土壤风险限制在可忽略不计的程度。

a 散装液体储存

在储存散装液体时，必须采用完善的防溢出装置。在灌装点和所有溢出点下方，都必须设置防渗安全设施。

地表储罐必须存放于防渗密封设施内。

如果储罐高于地面（从而可以在储罐下面目视检查），并确保可清除泄漏物质，液体密封设施则符合要求。如果储罐底部已安装了泄漏检测系统，储罐则可以直接安装在地表。

与需要定期检查的阴极保护储罐一样，在防渗容器内的地下储罐或者具有双层罐壁和有效泄漏检测系统的地下储罐也可以提供足够的土壤保护。液体燃料和/或废油的地下储存通常适用《地下储罐保管法令》（BOOT）。

b 散装液体的转运和内部运输

装卸点必须建设在具有足够容量的防渗封闭设施之上。封闭设施的规模必须确保灌装点和输送管线不在设施以外。

如果已安装了有效的溢流装置，则不需要通过容器防渗。

对地面管道和污水管道必须经常检查。为应对突发事件，须制定事故控制方案。地下管线必须采用双壁式管道，并设有泄漏检测装置。腐蚀保护和管道检查程序不足以确保土壤的风险可忽略不计。工业污水排水沟必须防渗，需要符合下水道检查程序，并备有意外事件应急计划。

最好能够采用无泄漏泵，否则，泵必须安装于一个防渗密封设施顶部。

只有在地面防渗并且具备有效的检验方案时，才能采用开放式桶装运输。

c   散装和包装货物的储存和转移

散装货物的储存设施必须加盖或顶棚遮蔽，以防止雨水淋洗。可由液体密封容器存储（干燥）散装货物。

散装货物最好采用封闭系统进行运输，或者放置于封闭系统中进行运输。如果采用开放系统进行运输，必须置于防渗密封设施上方进行运输。

如果可以经常对适合储存的（黏性）液体包装进行检查，并且所有泄漏都可立即清除，那么，该液体包装可以放置于液体密封装置上方进行储存和转移。

d   加工/处理

工业加工必须在防渗安全设施上进行。防渗密封设施必须安装在工业设施或活动的下方和周围，并应设有围堰，以保证容器具有足够的容量。必须定期从盛液盘中清除释放的液体/物质。

如果一项加工或处理过程是完全封闭的，即地下或地面的液体密封设施在正常运行时无法打开，这样就完全符合要求。此外，必须制定有针对性的紧急程序，防止事故发生时造成土壤污染。

e   其他工业活动

大多数工业活动都属于以上所列举的类别。

在车间内发生的各种行为和所使用的设备不属于以上类型。

在任何情况下，车间地板都应当能够存留液体。使用或处理有害于土壤的物质的设备和机器必须具有防渗设施（滴水盘），或应当置于防渗地板之上。应当设置有效的设施和程序，以清除溢出和泄漏的液体。

A2

土壤保护与
土壤保护指南

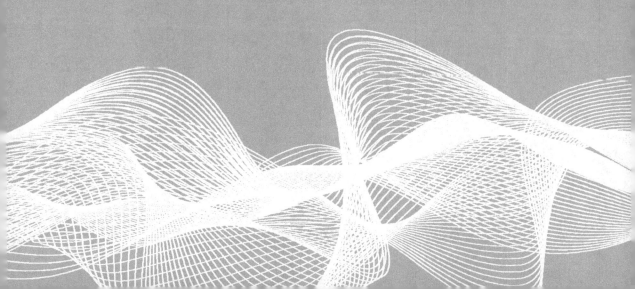

A2.1　土壤保护政策

A2.1.1　政策框架

a　立法和规定

基于污染源的土壤保护政策明确区分了扩散源污染和点源污染。其中，对扩散源污染实施的土壤保护不适用《荷兰工业企业土壤污染防治指南》。

对土壤有害的点源污染可能包括：

- 垃圾填埋；
- 使用 2 类建筑材料；
- 向土壤中进行排放；
- 通过管道进行运输；
- 设施内材料的储存、转运和运输；
- 工业处理。

《荷兰工业企业土壤污染防治指南》仅涉及最后两项。

应当避免点源污染，如果不能避免，则应当合理地、尽可能地降低有害活动对环境造成的负担。在《荷兰工业企业土壤污染防治指南》有关工业活动的土壤保护中，合理、可行、尽量低原则也有具体条款表述，即有责任把土壤风险降低到可忽略的程度。

合理、可行、尽量低原则贯穿于《环境管理法》［见第 8.II（3）］中，与《土壤保护法》第 I 3 节中规定的义务密切相关，该条款规定应当采取所有合理要求的措施来避免污染。

a.1　《环境管理法》

《环境管理法》于 1992 年生效，该法第 8 章通过许可证或一般行政命令，规定了企业保护环境的举措，这也适用于土壤保护，《土壤保护法》有专门规定的除外。

a.1.1　环境许可

环境许可是《环境管理法》中最主要的手段，在许可证中可以增加保护土壤的要求，如针对设施的性质、运行、维护和检查以及相关措施制定达标要求。

《荷兰工业企业土壤污染防治指南》规范了行政许可程序，该程序的实施将促进土壤保护。

许可证需由企业申请。依照企业规模及复杂性的不同，许可证申请材料中须包括以下信息，以便评估土壤保护情况：

● 土壤基准情况调查结果；

● 即将采取或使用的措施和设施；

评估应当基于仅存在可忽略的或至少可接受的土壤风险以及企业针对每项活动所采取或使用的措施和设施。如果许可证生效时，企业尚未落实各项措施和设施，则必须提出行动计划和实施方案。

● 要采用的控制流程，例如：

——维护和检查计划；

——事故管理计划，包括汇报流程；

——必要的监测计划以减少风险。

鉴于目前在许可证中纳入越来越多的是目标条件而不是手段条件的趋势，建议在许可证申请条件中尽量加入土壤保护措施和设施的要求。在初步讨论期间，许可证申请人和许可证授予机构需就此达成一致。

a.1.2　一般行政命令

（见《环境管理法》第 8.40 节）

立法者制定了一般性条件，适用于很多类企业，这些类别的企业如果规模和构成不超过一定的界限，就不需要申请许可。

此种情况下，企业应当遵守一般行政法规、一般行政命令的规定。一般行政命令也可以就实施的方法和检查增加相关要求，包括相应土壤保护的规定。

根据《环境管理法》第 8.40 节，已经制定了一些或还将制定更多的一般行政命令。

可以在网站 www.infomil.nl 上查看这些一般行政命令，具体内容请登录 www.overheid.nl。

针对一般行政法规未详细规定土壤保护措施和设施情形的，直接适用《荷兰工业企业土壤污染防治指南》。根据第 8.40 节的规定，是否适用《荷兰工业企业土壤污染防治指南》还需要依一般行政法规对土壤保护的具体要求及适用范围而定。

当拟定上述一般行政命令时，在规章中详细说明了土壤保护的措施和设施（自 2000年 10 月起），并规定了方法和做法，以实现《荷兰工业企业土壤污染防治指南》中对土壤风险可忽略的要求。

在某些情况下，一般行政命令规定的土壤保护措施可能不是最适合的解决办法。那么，一般行政命令允许主管部门依据《荷兰工业企业土壤污染防治指南》选择另外一种土壤保护策略，通过提高要求使土壤风险达到可忽略的水平。

a.2　《土壤保护法》

《土壤保护法》于 1987 年生效，旨在构建全国性的土壤保护框架，保护土壤特性，实现全面的土壤保护。

对于基于污染源的土壤保护举措，《土壤保护法》第6节至第11节对具体举措进行了列举。

土壤清理义务在第Ⅰ3节有所规定，可以直接适用：

"任何人在土壤表面或内部开展第6节至第11节提到的活动时，在应该知道或理应预测到这些活动可能污染土壤或对土壤造成不利影响时，有责任采取所要求的全部合理的措施，以避免污染或不利影响，或者如果已经造成了污染或不利影响，需要清理土壤，或清除不利影响，尽量减少或消除所导致的直接不良后果。如果污染或不利影响是由非正常事件引起的，必须立即采取措施。"

在预防领域，《土壤保护法》实质上是一个框架法案，该法案本身除注意义务外，并不规定任何实质性的标准。《土壤保护法》提供了通过一般行政命令来制定法规的框架，从事有害于土壤的许多类活动（基于污染源的政策）都需要遵守一般行政命令。鉴于《荷兰工业企业土壤污染防治指南》的适用范围，其对《地下存储装置法令》也具有参考意义，其中的法规规定了地下存储液体装置的保护要求。该法令还规定了必须清理、淘汰或拆除不再使用的存储装置。

a.3 地方性法规及政策

地方性环保政策计划中制定了地方性土壤保护政策，并且专门关注地下水的保护以达到提供安全饮用水的目标。考虑到取样地点易受到破坏，在这些取样地点周围划定了一些区域，在这些区域内，需要特别注意防范对土壤有害的活动。

为保护地下水，地方性环境条例做了具体的规定，例如：

- 划定区域；
- 规定当地政府需要具体、明确地指示在地下水保护区内建造和扩建特定类型的设施；
- 禁止在地下水保护区内，包括在水样提取区内，建造特定类型的设施；
- 严于《环境管理法》第8节规定的措施、行动和要求。

在地下水保护区内，企业可能会面临一些地方性政策，要求比《荷兰工业企业土壤污染防治指南》的一般规定更为严格。

当地政府可以拟订当地的环保政策计划，并制定地方土壤保护政策。当地政府的环境政策计划一旦生效，市级主管人员在批准许可时，除了其他因素，还必须考虑到这些计划。这些计划里的要求必须至少等同于《荷兰工业企业土壤污染防治指南》框架里所提出的要求。

a.4 用户群体政策和协定

许多工业部门已经签订了有关防范生产过程对环境造成负担的协定，这些协定还包括土壤保护协议。对于许多工业部门，还有专门为其所制定的、描述潜在环保措施的手册或工作簿，来支持协定的实施。此外，还对某些工业部门进一步明确规定了评估土壤风险的方法。

已经或正在为某个工业部门制定的这种手册或工作簿，都是依据《荷兰工业企业土壤污染防治指南》的要求编制的。这种情况下，该用户群体内部协商的详细规定，可以看作是对《荷兰工业企业土壤污染防治指南》总体要求的进一步细化。

a.5 经济手段

环保投资自动折旧计划（VAMIL）和环保投资指定扣减计划（MIA），从税收角度来看，使环保资产上的投资更具吸引力，这两项计划适用于当前"环保清单"上列出的资产。

环保投资指定扣减计划可以看作是环保投资自动折旧计划的补充。环保投资自动折旧计划列表里的某些土壤保护设施，在环保投资指定扣减计划的分类中属于较高的投资抵扣（30%或15%）设施。该计划不含法律规定的抵扣方法。

某些资产的投资抵扣设施可能会在未来几年内有所改变，当前环保清单上的信息可以在环保投资自动折旧计划网站（www.vamil.nl）上查询。

b 补充手段

b.1 质量保证设施

在建造和维修防渗设施时，必须进行检查，以确保它们在竣工时确实不会渗漏。此时，质量保证至关重要。如果设施拥有合法的《土壤保护设施计划》要求的防渗设施证书，则可以保证它的抗渗性。

1993 年年底，在荷兰土壤保护设施信息中心（NIBV）、土木工程研究和规范中心（CUR），以及认证机构 Kiwa 的倡议下，在环保部门——荷兰住房、空间规划和环境部（VROM）的管理层的支持下，设立了土壤保护设施计划项目局（PBV）。该计划的实施为防渗层、路面、密封层和工业下水道的设计、施工、维修、管理和检查制定了明确的指导方针，在质量保证方面起着核心作用。

《荷兰工业企业土壤污染防治指南》中的 B2.3 部分详细阐述了有关土壤保护防渗设施的质量保证措施。

b.2 质量保证措施/内部环境保护

企业可以在环境保护系统中制定自己的土壤保护措施。这一体制让企业承担起自己的责任。在这种情况下，许可证上的条件可以针对一定目标进行约束，这样就允许企业更加灵活地进行操作。实际上，主管部门不能对内部环境保护系统做出规定。

环境保护系统中的重要因素包括检查和监督、事故管理和定期的土壤调查（见 A4.2 部分）。

内部环境保护系统可以构成一个更加综合的质量保证体系或成为其他类型保护系统的一部分。

A2.1.2   政策实施

在工业活动对土壤造成危害的地方，必须采取所有合理措施，避免土壤受到污染或对土壤产生不利的影响。对土壤质量造成的任何不利影响，都必须进行清除。

预防性土壤保护旨在防止工业活动对土壤造成危害，可以通过使用有效的设施和措施相结合的方式来实现。《荷兰工业企业土壤污染防治指南》指出了在何地以及如何达到可忽略的污染水平。在某些情况下，通过特定的旨在控制（监测）风险的土壤调查方式，预先准备土壤清理和土壤质量监测，将土壤风险控制在可以接受的范围内。

即使是可忽略的土壤风险，仍然存在土壤污染的可能性。对于在基准状况土壤调查和最终状况土壤调查之间产生的污染，同样需要承担清理义务。

a   措施和设施

环保政策明确区分了基于污染源和基于效果的措施和设施。

a.1   基于污染源的措施和设施

在《荷兰工业企业土壤污染防治指南》中，"基于污染源"这个词可认为是"基于排放"的同义词，即旨在阻止排放。基于污染源的措施和设施如下：

● 企业减少土壤风险的操作流程和变更，如：

——用其他物质替换对土壤有害的物质；

——减少库存；

——使用流动性小的材料，避免其流入土壤；

——对危害土壤的活动进行分类。

在环保政策中，这些措施优于其他解决办法。在实践中，要想不对商业活动产生重大影响，基于污染源的解决办法往往不能采用，或仅能部分采用。因此，经常还需要采用基于效果的措施。《荷兰工业企业土壤污染防治指南》没有对这些措施进行详细阐述，读者可以查阅一般性排放和预防政策[3]。

● 安装更多的设施，以确保对土壤有害的材料控制在设备的外壳内，例如，改进设备上的密封装置、使用无法兰接头和安装检测泄漏的双壁系统。

a.2   基于效果的措施和设施

在《荷兰工业企业土壤污染防治指南》中，"基于效果"等同于"基于渗入"，即旨在防止污染物渗入土壤中。

基于效果的措施和设施的目标，是防止或限制溢出隔离物的有害物质分散到土壤上或土壤中（渗入）。

基于效果的措施包括安装防渗设施和/或立即清除泄漏物质。

b　可忽略的土壤风险

一个企业是否需要采取措施和设施，如果需要，应该采取或使用哪些措施和设施，都取决于土壤污染风险的高低，这种"土壤污染风险的高低"取决于以下三个方面：

- 存在的污染物（排放风险）；
- 设备的特性、为防止泄漏采取或使用的措施和设施（渗入风险）；
- 一种物质在土壤中进一步扩散的程度（扩散风险）。

《荷兰工业企业土壤污染防治指南》的出发点是：在可能的情况下，开展工业活动应尽可能达到可忽略的土壤风险类别（一种土壤危害类别）。为给有效的预防性土壤保护决策提供支持，在《荷兰工业企业土壤污染防治指南》框架内开发了公司设施土壤保护决策模型（BBB）（见第 2.3.4 节）。公司设施土壤保护决策模型描述的土壤风险主要是污染物渗入土壤中产生的风险，所以需要在土壤风险检查清单里选择使用有效的措施和设施（见 A3.3 部分）。

❖　合理、可行、尽量低原则和技术发展水平

《环境管理法》中的合理、可行、尽量低原则的主要出发点是限制排放以保护环境，进而保护土壤。合理、可行、尽量低原则是通过在工业活动许可证的条件中增加相应内容来实现的，它提供了最大可能的保护。

为了申请许可证，应该采取"最佳可用技术"（BAT）（见 IPPC 指令 96/6Ⅰ/EG，1996 年 9 月 24 日）。根据土壤风险检查清单，采取措施和设施的组合的得分为 1，即可忽略的土壤风险——代表了当前的先进水平，所以符合合理、可行、尽量低原则。

如果即使采用了"最佳可用技术"，土壤风险仍然被认为是不可接受的，那么该项活动会被禁止。

c　当前企业的政策

现有状况下，如果企业确实遵守了现有的环境许可证上的规定，但没有达到《荷兰工业企业土壤污染防治指南》要求的环保标准，那么主管部门可以对环境许可证补充附加规定。这也适用于土壤保护措施和设施。现有的技术水平和环境质量的变化可以作为补充规定的依据。

《环境管理法》第 8.22 节允许主管部门依职权修改许可证（更新修订）。

另一种要求额外增加土壤保护设施的可能情形是修订许可证，然而，只有在该地点存在多个许可证，或者该企业的许可证使用情况不清楚时，主管部门才能要求申请修订许可

证。修订许可证适用于整个场地。

若现有公司处于土壤风险增加或高土壤风险状况，只能暂时批准许可证的申请，在这种情况下，需要经过各相关方之间协商，制订行动计划，确定何时以及如何将土壤风险降低到至少可以接受的水平。此外，还必须保证在意外情况下能够清理受污染土壤（见第 2.3.4 节）。

❖ **土壤保护和实施土壤修复活动之间的关系**

土壤保护设施可以安装在可能有过土壤污染史（即 1987 年之前）的土壤表面，《土壤保护法》认为这并不是"紧要"的。这同样适用于短期内没有修复可能的污染土壤，和/或在原地或其他地方修复也不会被原有的结构所阻碍的情况。

然而，还可能会有一些情况，在这些情况下现有企业需要将土壤保护设施安置到近期要进行土壤修复的地点，具体包括以下情况：

（1）根据《土壤保护法》第Ⅰ3 节和第 27 节，必须尽快处理的污染土壤；

（2）经主管部门确定的污染土壤，必须根据主管部门的决定，在最长 4 年内进行修复；根据时间要求，这些是类别 1 [16]中所说的紧急情形；

（3）地产业主指出的所有其他污染土壤情形，需要在最长 4 年的期限内进行修复。

在这种情况下，可以搭配使用修复和安装设施等土壤保护措施，以避免投资浪费。

对于（1）和（2）中提到的情形，可以考虑推迟设置土壤保护设施的最后期限，直到修复工作完成以后，因为修复工作必须在一个可预测的期限内进行。对于（3）提到的情形，则需要将修复工作提前。

当采取搭配组合时，应考虑到临时预防设施和相关土壤风险类别的可能性。

A2.2 清理义务和土壤保护

即使相关措施和设施可以使土壤污染的风险忽略不计，也不能完全排除土壤污染。在这种情况下，土壤污染可以通过比较土壤调查的最终状况和基准状况来显示。因此，在土壤被工业活动污染后，土地许可证持有人应负责清理土壤。

在相关设施和措施不能使土壤风险可忽略的情况下，需要通过有效手段来监测土壤质量，以降低风险。

通过土壤污染调查或土壤监测披露的污染土壤必须进行清理（清理义务）。

A2.2.1 清理义务

根据《环境管理法》（第Ⅰ.Ⅰa 节）和《土壤保护法》（第Ⅰ3 节）的相关规定，一旦发现有土壤污染时，企业有义务清理土壤。无论企业是否达到了可忽略的土壤风险类别（A），都要履行清理义务。土壤受到污染后，利用先进的清理技术（参见 《土壤修复技术手册》）恢复到基准状况是进行土壤清理工作的出发点，因此，清理技术也将不断更新[66]。

为了遵守清理义务，合理性原则是需要考虑的一个重要因素。相称原则（《一般行政命令》第 3.4 节）规定，施加惩罚的后果（土壤清理费用）与所获得的利益（恢复基准状况）必须相称。因此，主管部门需要判断土壤污染的严重程度是否充分证明了尽快清理土壤的必要性，特别是在以下情况下：

- 土壤已被明显污染，但所造成的污染不能测量；
- 立即执行清理义务与继续进行经营行动不相容。

《荷兰工业企业土壤污染防治指南》中涉及的清理义务的对象是即将产生污染的土壤。采取或使用预防性措施和设施，未来污染的规模将相当小。开展《荷兰工业企业土壤污染防治指南》中 BⅠ部分涉及的土壤污染调查使羽流长度和净化成本最小化。土壤清理的环境目标是恢复由基准土壤质量调查确定的土壤质量（见 BⅠ.4 部分）。

在《财政担保法草案》（政府公报，2001 年 7 月 17 日，134）的框架内，清理费用估计为 22 500 欧元。这个数额给出了选择最先进清理技术的一个粗略指示。土壤质量的恢复不应该持续多年。

如果企业尚未使土壤风险达到可忽略水平，换句话说，已经有意识地接受了土壤污染的风险，那么为达到保护土壤环境的目的，必须立即将土壤质量恢复至基准状况。

A2.2.2　土壤污染调查

a　比较土壤的基准状况和最终状况

根据《环境管理法》颁发的许可证，可能要求针对企业危害土壤的活动进行面向未来的土壤污染调查。这些调查包括在活动开始之前确定基准状况，以及在活动终止后进行同样的调查。

根据《企业和许可证法令》第 5.5 节，许可证的申请材料应该包括基准土壤质量调查报告。如果此类报告缺失，主管当局可以驳回申请。

《荷兰工业企业土壤污染防治指南》列出了对土壤有害的工业活动（见 A3.1 / 2 部分）。主管部门将根据其许可申请材料，并且在必要时去企业实地察看，判断企业实际进行的活动是否对土壤有害。

要求调查土壤质量基准状况的目的是确定实际土壤质量（土壤和地下水）的参考水平。这为将来可能发生的土壤污染情况提供了检测依据。即使土壤风险可以忽略不计，为了能够通过最终状况调查确定是否发生了土壤污染,这种检测依据依然是必要的。

开展最终状况土壤调查是获得环境许可证的条件之一。具体内容参见由管理这些调查的机构——荷兰住房、空间规划和环境部(VROM)[①]和荷兰市政协会(VNG)[②]发布的出版物。

土壤污染调查主要针对未来可能的土壤污染。它的调查对象仅限于企业内可能发生土壤污染的地点和物质。

基准状况和最终状况调查紧密相关:调查结果如果存在差异,表明土壤因相关活动而受到污染。那么,在规定进行最终状况土壤调查的地点,必须进行类似的基准调查,反之亦然,因为只有这样才有可能确定土壤质量差异。

b　重复土壤调查

有时需要定期、重复进行基准状况调查。如果主管部门认为基准状况调查和最终状况调查之间的时间跨度过长,相应许可证便会包含重复调查的要求。允许公司在可能发生的土壤污染事件中进行早期干预。在工业活动终止后,再去追责有时是困难的。在活动停止之前进行土壤污染调查,可以在活动实际终止时完成土壤清理。

在可忽略的土壤风险中,使用现有设施进行重复土壤调查的合理性和必要性,还需根据具体情况决定。

A2.2.3　监测土壤质量以降低风险使其达到可接受的土壤风险级别

如果土壤风险达不到可忽略的程度,可通过采用有效的监测系统来降低风险,使风险达到可接受水平(土壤风险类别 A^*),但必须严格规定、充分保证土壤清理工作。是否适用这一情况需要由主管部门来判断。该监测系统的判断标准详见《荷兰工业企业土壤污染防治指南》第 B I .4 部分。

监测土壤质量的目的是使土壤污染的规模最小化,从而将清理成本控制在合理范围内。良好可靠的监测系统在结构和实施上可能比土壤污染调查更为全面。监测本身关注的并不是固态土壤表面,而是土壤中的空气和/或地下水。

土壤保护的失败只能在污染发生后通过监测发现。这就是土壤监测总是与土壤清理操作(预测和执行)相关的原因。除在事先商定的《土壤清理行动计划》中另有规定的情形外,土壤污染一旦发现必须尽快清理。如有必要,必须立即采取临时控制措施,并由主管

[①] 荷兰住房、空间规划和环境部(VROM),环境管理总局/土壤管理局,基准情况土壤调查,1994 年 8 月。

[②] 荷兰市政协会(VNG)致会员的信 94 / 245,根据《环境管理法》发放环境许可证的基准情况条件,1994 年 11 月 21 日。

部门决定是否需要这些控制措施。

A2.3 公司内土壤保护的决策模型

《荷兰工业企业土壤污染防治指南》涵盖用于公司范围内土壤保护的决策模型，决策模型以半定量的方式确定土壤风险，同时考虑所选择的土壤保护方法。

根据土壤风险检查清单来确定排放和侵害的风险。

所选择的模型可以普遍适用，实用且易于使用。它允许在选择土壤保护策略时有一定的自由度，可选择替代方案。因此，要实施的土壤保护策略——根据公司设施构建的土壤保护决策模型的最终结果，并不是一个固定的、定量的最终结果，尽管最终结果是得到一个制定过程相当严格的解决方案，但其方法是可以复制并且是透明的。

根据公司设施构建的土壤保护决策模型的出发点如下：

● 使用现有的措施和设施，应当可以尽可能减少土壤风险，使土壤风险达到可以忽略不计的水平；

● 如果土壤风险无法达到可忽略的程度，则必须最大限度地减小污染规模。

在实际应用中，根据公司设施构建的土壤保护决策模型主要针对排放和排放风险。只有在特殊情况下，才考虑扩散的风险。

根据公司设施构建的土壤保护决策模型显示，在一些情况下，即便使用最先进的减排措施和设施也不能在合理的范围内将土壤风险降到可忽略的水平。这就遗留了土壤污染的风险，即所谓的残余风险。在这种情况下，如果污染渗透超出预期，那么关注扩散程度就非常重要。

借助用于降低风险的土壤质量监测手段，可以在早期检测和处理土壤中的扩散问题。因此，扩散风险决定抽样的必要程度。

A2.3.1 根据公司设施构建的土壤保护决策模型的适用范围

根据公司设施构建的土壤保护决策模型适用于一般工业活动，且活动与结构性排放有关，例如，与正常经营活动相关的溢出和泄漏。

因此，根据公司设施确定的土壤保护策略不包含在灾害和灾难情况下的土壤保护措施和设施，例如，火灾、爆炸、油箱的灾难性事故等。用于容纳危险材料和灭火用水的设施和涉及的措施在不同的政策框架（CPR9 和 15 系列）[18，19，20，21，22，23]中有规定。

当然，根据公司设施构建的土壤保护决策模型考虑了既有灾难防控措施和设施在减少土壤污染方面所起的作用，适用于现有情况和新情况。

A2.3.2 土壤风险类别

每种活动所带来的土壤风险的类别以及由此衍生的土壤保护策略都是固定的。

根据公司设施构建的土壤保护决策模型在《荷兰工业企业土壤污染防治指南》中有详细描述（参见 A3.2 部分）。

总之，排放风险以列表方式呈现，并根据排放分值进行考评，排放得分决定土壤风险类别：

排放得分	土壤风险类别
1	A 可忽略的土壤风险
2	B 增加土壤风险
3～5	C 高土壤风险

排放得分在根据公司设施构建的土壤保护决策模型中起着至关重要的作用。

除了排放得分，决策制定还要考虑污染排放量、污染物的化学和物理性质，以及土壤结构及其水文地质情况。这些因素决定了在意外污染的情况下需要清理的土壤体积。《荷兰工业企业土壤污染防治指南》第ＢⅠ部分描述了这些因素如何决定具有可忽略和/或可接受风险的土壤所需的土壤调查强度。

排放得分由工业活动的类型以及现有或计划的土壤保护措施和设施决定。土壤保护决策模型的目标是借助相关措施和设施来减少排放风险，直到最终实现排放得分为 1，只有这样，土壤污染的风险才可以忽略不计（土壤风险类别 A）。

每一级风险的应对都必须由各方采取相应的行动：

● 可忽略的土壤风险（土壤风险类别 A）

具有可忽略的土壤风险的工业活动不需要任何额外的土壤保护措施。许可证可以正常发放。由于在这些情况下也不能完全排除土壤污染，因此必须在开始活动之前通过土壤基准状况调查来确定土壤的质量，以便在活动终止时可以清楚地确定由该活动引起的任何土壤污染情况。在许可证条款中必须包含对最终状况和基准状况土壤调查的要求。

● 增加土壤风险或高土壤风险（暂时或永久）（土壤风险类别 B/C）

对于具有增加土壤风险或高土壤风险的工业活动，必须采取额外措施并提供相应设施进行土壤保护。不得进行增加土壤风险或高土壤风险的新活动（见 2.1.2-b.1）。

在合理范围内，并不总是能在短期内解决现有情况下增加土壤风险或高土壤风险带来的问题。为了允许这些情况暂时存在，必须有具体的、频繁的土壤调查和保证措施来清理土壤。同时还必须明确何时以及如何将土壤风险降到（最好是）可忽略的风险等级。

在某些情况下，采取严格的条件限制，通过监测土壤质量降低风险，以及通过《土壤清理行动计划》的实施，增加土壤风险（土壤风险类别 B）可以转化为可接受的土壤风险（土壤风险类别 A*）。

● 可接受的土壤风险（土壤风险类别 A*）

在某些情况下，不可忽视的土壤风险可以转化为可接受的土壤风险。可接受的土壤风险是指污染可以被快速检测、一旦发生污染可以进行土壤清理的风险类型。

该风险水平下，还要求企业具备可正常使用的最低限度的土壤保护措施和设施。

这包括两种不同的情况：

（1）有质量保证的土壤污染事故管理系统，涉及：

——一旦发生土壤污染事件，可以通过泄漏检测、土壤质量监测和/或频繁的设备检查和监督活动进行早期预警；

——在发生土壤污染事件后，立即采取有效措施恢复基准土壤质量；

——质量保险程序的运用旨在提高适应工作指示、监督程序、更换设备和/或改进维护的能力，以防止未来发生污染事故。

（2）在增加土壤风险（土壤风险类别 B）情况下，开展土壤质量监测以使污染土壤的体积最小化。通过对有问题的工业活动附近的土壤质量进行具体、频繁的监测，将要清理的土壤体积保持在合理范围内。《荷兰工业企业土壤污染防治指南》第 BⅠ.5 部分详细说明了通过监测土壤质量降低风险的出发点。

在某些情况下，通过监测土壤质量降低风险和土壤清理在技术上和/或财务上是不可行的，并非总能达到可接受的土壤风险类别，这些都必须在主管部门批准的《土壤清理行动计划》中列明。

在最终的土壤达到可接受土壤风险类别的情况下，等同于达到了可忽略的土壤风险类别，因此可以授予许可证。

A2.3.3 权衡可接受的土壤风险

在现有情况下，如果附加措施和设施看起来不合理，有时可能会对某一特定部分的工业活动进行衡量并在可忽略和可接受的土壤风险之间做出理性的判断。该判断很大程度上涉及成本，可忽略的风险类别实现的可行性取决于许多先决条件。

一般来说，工业活动造成的土壤风险必须是可以忽略不计的。只有当主管部门证明了可忽略的土壤风险是不可能实现时，才会考虑可接受的土壤风险。因此，从成本的角度来看，在可忽略和可接受的土壤风险之间进行的选择，并不是从成本角度所做的经济决策。

在选择可忽略的土壤风险和可接受的土壤风险时，对于那些进行监测以降低风险并保证进行土壤清理的工业企业，更昂贵的设施与其计划的运行时间之间的成本比率起到重要作用。此外，能够有效监测的可能性和土壤清理操作的预期有效性也是这一选择的决定因素。

各种制度性措施的先决条件就是实现可接受的土壤风险。

涉及土壤风险管理的战略也体现在环境需求质量保证中。

在减少风险的土壤监测确定土壤风险是否可接受的情况下，经营活动应当基于监测指南建立的土壤调查网络进行土壤调查以减少风险，并严格按照规定采集地下水和/或空气样品，由被认可的实验室进行分析。

为减少土壤风险开展的监测、采样网络/设备的维护以及对土壤清理的预期，应当纳入公司场所维护计划和/或环境保护系统，并上报主管部门。

A2.4　清理义务的安全保证：土壤风险的可保性

达到可忽略的土壤风险类别是应用《荷兰工业企业土壤污染防治指南》的出发点。该指南有时为企业提供实现可接受的土壤风险的机会。如果企业选择可接受的土壤风险，而不是可忽略的土壤风险，那么它有义务承担更大的风险，一旦发生土壤污染必须恢复土壤的基准状况。这将对土壤风险的可保性造成影响。

如果能保证使用有效的措施和设施，利用环境责任保险，在可忽略的土壤风险情况下，比在可接受的土壤风险情况下更容易获得土壤清理费用的补偿。

对于可接受的土壤风险、增加土壤风险或高土壤风险，情况则有所不同。在这些情况下，有必要预测基准情况的恢复（如通过经济担保等方式）。在这些情况下要做的是，通过监测降低风险，来减少可能需要清理的土壤体积，从而降低成本。

A3

┃制定土壤保护策略┃

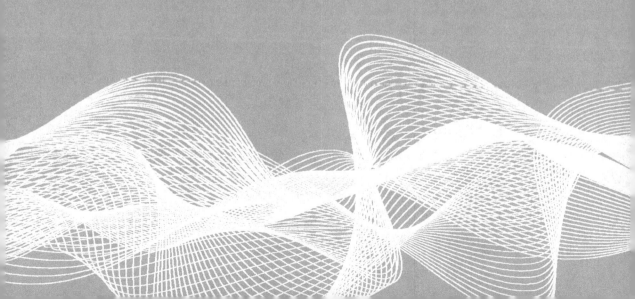

A3.1 在哪里进行土壤保护？

是否会危害土壤取决于活动的性质以及有关物质。以下讨论的工业活动被视为对土壤存在潜在危害风险的工业活动。对于这些活动，需要对土壤质量基准状况和最终状况进行评估，还要根据 NRB 进行评定。

A3.1.1 工业活动

A3.1.1.1 散装液体存储

（1）储存在地下储罐或用土覆盖的储罐中。

（2）储存在直接放置于地上的储罐中。

（3）储存在高架式地面储罐中（水平/垂直）。

（4）储存在坑井或水池中。

A3.1.1.2 散装液体的转运和内部传输

（1）装卸活动。

（2）管线传输。

（3）泵输送。

（4）公司场所内用无盖桶等运送。

A3.1.1.3 散装及包装货物的存储和转移

（1）散装货物的存储。

（2）散装货物的转移。

（3）带包装（用桶或容器等）的固体材料（包括黏性液体）的存储和转移。

（4）带包装（用桶或容器等）的液体的存储和转移。

A3.1.1.4 工艺设备

（1）封闭加工或处理。

（2）开放和半开放加工或处理。

A3.1.1.5　其他活动

（1）废水排入公司污水系统。

（2）应急容储。

（3）车间活动。

（4）废水处理。

A3.1.2　物质

关于某些物质、某类物质或某些制剂是否是污染物这个问题永远无法事先得到答案。以下给出的物质清单可作为判断物质是否会成为污染物的方法。

该清单来自现有工业场所清单（BSB）中的"土壤修复"部分及其他政策文献内的物质清单。BSB 清单是在现有公司场地自愿土壤修复的背景下制定的[9]。

该清单列出可能成为污染物的物质。不在清单上的物质也可能污染土壤。通常，特定工业活动中的物质被视为可能污染土壤的物质，除非能获得令人信服的证明。

NRB 方法对土壤风险的判断并没有考虑物质的数量和/或存储温度的不同。采用 NRB 方法的目的是避免所有土壤污染均需要进行土壤清理。

若有疑问，公司需与主管部门讨论，判断是否存在土壤危害风险。

污染土壤的物质范例

- 以下有机液体及其水溶液或乳液：
  - ☞ 酒精；
  - ☞ 乙醚；
  - ☞ 酯；
  - ☞ 有机酸；
  - ☞ 芳香剂；
  - ☞ 酚类；
  - ☞ 多环芳烃（PAHs）；
  - ☞ 氯化碳和氯化烃；
  - ☞ 杀虫剂（参照《杀虫剂法令》）及杀虫剂里的活性成分；
  - ☞ 溶剂、除油剂、除漆剂、清洁剂及金属处理液；
  - ☞ 亮光漆、油漆和墨水；
  - ☞ 油（如钻孔用油、切割用油、轧压用油、磨削用油、润滑油、热压用油、液压用油和食用油等）；

☞ 木材防腐剂、杂酚油、焦油和萘；

☞ 液态燃料。

● 以下无机化合物、矿物质或矿石：

☞ 包含以下成分的盐或水溶液：

◆ 铬、钴、镍、铜、砷、钼、镉、锡、钡、汞、铅

◆ 无机酸

◆ 氨、氟、氰化物、硫化物、溴化物、磷酸盐、硝酸盐

☞ 无机木材防腐剂及其水溶液；

☞ 岩盐；

☞ 硫黄；

☞ 铁矿石、矾土、钛铁矿、黄钾铁矾、磷矿石、智利硝石等；

☞ 固体燃料（如煤等）。

● 根据《化学物质法案》（Wms），被定义为液态和固态的有害物质、制剂及其水溶液。

● 液态或糊状的已处理或未处理的农业产品：

☞ 动物肥料、其他有机肥料和人造肥料；

☞ 青贮饲料。

● 《有害废物名称法令》（BAGA）中涉及的有害废物。

● 以下明确列出的物质：

☞ 树脂和人造树脂；

☞ 污水污泥；

☞ 动物或屠宰废物；

☞ 来自农业的产品、食物、饮料和烟草工业的浆状废物；

☞ 生物废物；

☞ 固态混合生活垃圾；

☞ 建筑工地中的混合废渣料；

☞ 报废车辆、车辆碎片及其中的未分类部件；

☞ 粉碎废物；

☞ 粉尘；

☞ 受污染的喷砂；

☞　钻井钻孔泥浆和废物；

☞　瓷釉泥浆。

A3.2　如何进行土壤保护?

制定有效的土壤保护策略的方法可归纳为几个步骤。以下通过图表来说明这些步骤。

步骤 1 至步骤 4 侧重于通过措施和设施达到可忽略的土壤风险的通用情况。仅在特殊情况下达到可接受的土壤风险的步骤在此不予讨论，有关这类情况可参照 NRB 的第 BⅠ.3 部分。

可忽略的土壤风险的实现流程

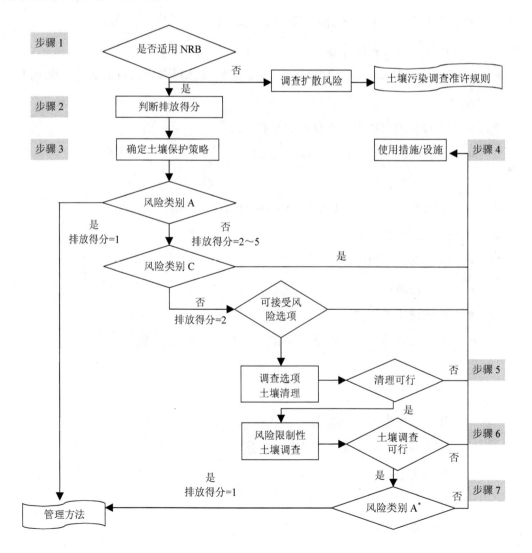

A3.2.1 步骤1 判断 NRB 是否适用于该工业活动

	行动	注意事项	建议
1.1	判断设施或工业活动是否适用《环境管理法》和/或《土壤保护法》	若某项活动适用行政法通则，必须根据法令流程进行土壤保护	若行政法通则没有给出明确的"防渗性"概念或没有对执行提出监管方法，可将 NRB 作为指南； 根据《环境管理法》第8.40节的行政法通则，土壤保护可在 NRB 的基础上参照更详细的要求
1.2	核查工业活动是否发生在环境保护区域	若工业活动发生在环境保护区域，应采用"特殊保护等级"。土壤保护必须满足地方环境条例（PMV）的要求	地方主管部门可决定宣告 NRB 适用于环境保护区域。然而，这取决于不同的情况和地方主管部门的要求
1.3	将公司活动划分成不同活动		公司与主管部门讨论，在土壤保护方法，包括必要时措施和设施的优先序上达成共识
1.3a	判断每项工业活动是否危害土壤（见A3.1.1）	A3.1.1 列出了对土壤有危害的活动和子活动；该表为土壤风险措施检查表的组成部分	活动概述并非限定的。可能有部分工业活动不能简单地划入某项活动或子活动，但根据主管部门的意见，也可能会危害土壤
1.3b	列出每项活动存储和/或使用的物料（见A3.1.2）	NRB 的物质清单只是作为范例，指出某些物质会危害土壤。不在清单上的物质也有可能危害土壤。在此情况下就需要根据常识进行判断	在 NRB 方法中，物质的性质和数量起次要作用；土壤风险检查表未专门考虑物质的数量、温度或存储条件； 若只有少量物质，或者物质的某些成分很难渗入土壤，主管部门可决定不采用 NRB
1.4	启动土壤污染调查	在工业活动结束后，需要进行专门的土壤调查，将土壤最终状况与土壤基准状况进行比较，判断这些工业活动是否对土壤构成明显污染（土壤污染调查，见 A4.2.2d）	土壤污染调查的第一步是在基准状况下评估土壤质量。该土壤调查的具体工作应由有资质的组织执行。为了获得正确的取样位置和方法，实际调查前还应进行扩散风险测定（见 B I .4 部分）

A3.2.2   步骤 2   判断每项活动的排放得分或最终排放得分

	行动	注意事项	建议
2.1	在土壤风险检查表中查找正确的活动表（见 A3.1.1）	判断每项活动或子活动的土壤风险类别。工业活动往往无法直接归入土壤风险检查表中的某项活动或子活动。A3.3 详细列出每项活动或子活动的描述以及措施组合的注意事项	在工业用户组政策中，对某些工业分支编制了专门的土壤风险检查表。为这些特定分支中的常见活动提供更清晰的概况分析。这些清单列出排放得分或直接指出土壤风险类别
2.2	从相关土壤风险检查表的左列提取基本排放得分（见 A3.3）	基本排放得分是某项活动土壤风险的测量值，与已经或正在实施的措施或使用的设施无关。基本排放得分根据不同的活动，取值范围为 2~5	基本排放得分以工业活动的平均土壤污染风险为基础。采用能降低污染风险的措施和设施组合可获得更低的排放得分
2.3	确定适用于工业活动的相关土壤风险检查表中的措施/设施组合	在相关土壤风险检查表中查找实际或准备使用的组合。土壤风险检查表的"土壤保护的设施和措施组合"标题下给出了工业活动的保护设施和措施的常用组合	在土壤风险检查表中，防渗隔离设施和挡液隔离设施会有所不同； 这些都是 100%收集渗漏液的构件，不需要一定为"容器"，例如，在车间有较少溢出的情况下，地板可看作防渗设施； 设施的实际条件决定其为防渗还是挡液隔离设施； 能目视检查（见 A5.2.1）的防渗隔离设施必须具备有效的"PBV 防渗设施证书"
2.4	对于措施/设施的组合，从土壤风险检查表的最右列获取最终排放得分	从基本排放得分中扣减土壤保护设施和措施组合所提供的保护的得分，获得最终排放得分；若实际或预期情况没有对应的措施组合，最终排放得分与基本排放得分相同	土壤风险检查表考虑的是"平均"的情况，因此最终排放得分并非一成不变的。根据常识可修改（向上或向下）事先计算出的最终排放得分。公司可与主管部门讨论，在计算中考虑设施的性质和设计，以及物质的属性、数量和物理条件。若与土壤风险检查表有差异，必须列出原因

A3.2.3 步骤 3 确定土壤保护策略：可忽略的土壤风险

	行动	注意事项	建议
3	NRB 将土壤风险分为 4 类	土壤风险类别决定了相关活动所采用的土壤保护策略	公司场所土壤保护决策模型（BBB）描述了如何确定土壤风险类别。在 BBB 中，土壤风险类别主要通过排放得分来确定（见 A2.3.2 部分）
	根据最终排放得分确定土壤风险类别；根据土壤风险类别决定所采取的行动	土壤风险类别直接根据最终排放得分确定： | 最终排放得分	土壤风险类别 | |---|---| | 1 | A 步骤 3.1 | | 3～5 | C 步骤 3.2 | | 2 | B 步骤 3.3 |	NRB 将土壤风险分为 4 类： A=可忽略的土壤风险 A*=可接受的土壤风险 B=增加土壤风险 C=高土壤风险
3.1	土壤风险类别 A： 工业活动的开展满足土壤保护的最新要求；在程序审批过程中，要注意以下方面： • 措施，特别是与设施相关的 • 土壤调查的基准状况、中期状况和最终状况 • 问题设施的定期防漏检查	最终排放得分为 1，代表措施/设施组合是最佳的，此时的土壤风险可忽略（土壤风险类别 A），现有工厂的相关活动可以获批或不需要在申请新的许可证上列明； 在风险可忽略的情况下，仍需按 NRB 规定对土壤基准状况和最终状况进行测量（见 A2.2 部分）	若需使用可目视检查的防渗设施，必须根据 CUR/PBV 的第 44 条建议进行定期检查，以保证其防渗性[67]，每项设施（在许可条件下）的检查（及相关审批期）都必须单独设置； 第 44 条建议还包含了用于监管和执行此处要求检验的检查清单（见 A4.2.2 部分）
3.2	土壤风险类别 C	土壤风险类别 C 要求采取额外的措施，设施的改变旨在使最终排放得分为 1； 继续步骤 4	在特殊情况下，可能无法令最终排放得分降低到 1。在此情况下，所有变更都旨在令最终排放得分不高于 2（见步骤 3.3）
3.3	土壤风险类别 B	土壤风险类别 B 意味着这些活动使土壤风险升高； 在新的情况下，措施或设施应能使最终排放得分达到 1（见步骤 3.2）； 在现有情况下，通过措施或设施使最终排放得分达到 1 是更可行的，但是，可通过土壤风险控制调查将风险降低到可接受等级（土壤风险类别 A*），在此情况下，若观察到活动导致污染物排入土壤，必须考虑进行土壤清理（见 NRB 第 BⅠ.5 部分）	根据 NRB，槽罐下的 NB 检漏系统不应被视为土壤的风险控制调查仪器，此类设施为厂房构件（见 A5.1 部分）； 在某些情况下，采用措施和设施也无法达到风险类别 A，在此情况下，通过监控土壤质量来降低风险，也可以达到可接受的风险类别（土壤风险类别 A*），但是，只有在土壤清理是合理、可行的情况下，才能达到可接受的风险类别

A3.2.4 步骤4 确定补充措施和设施

	行动	注意事项	建议
4	选择措施和/或设施	可从土壤风险检查表上获得能减少活动排放得分的措施和设施； 在假定设施到位的情况下进行（组织）措施的改善，通常是可行的	NRB指出以源头为基础的措施比以效果为基础的措施更佳，以源头为基础的措施根据流程而定，不在NRB中进行说明，读者可参考排放预防政策相关的刊物； 无论何时使用其他原材料、副产品或其他工序都需要进行再评估，但是，并非所有都行之有效
4.1a	选择土壤保护设施	若采用新的土壤保护设施,必须考虑应变（如坠物、震动和交通等）及（液态）物质； 根据应变及物质的属性，某些类型的设施也许适合，也许不适合； 若找到适合的设施类型，必须选择合适的设计（材料和结构）	可利用NIBV/PBV的"土壤保护设施"表判断在指定条件下是否可采用某种设施（见NRB的B2.4部分）
4.1b	控制设备的设计、建造和维护 • CPR • CUR/PBV 设计和具体手册[17] • CUR/PBV 第65条建议[63] • CUR/PBV 第64条建议[41]	在设施的施工和评估过程中，材料的正确选择并非决定性的唯一因素，施工必须由专业机构进行； 防渗设施必须按照相应指南和/或CUR/PBV建议进行建造和维修，并根据PBV的"土壤保护设施的设计和具体手册"进行防渗设施的设计； 防渗设施建成后，必须取得"PBV防渗设施证书"才能获批	认证是可取的，在建造防渗设施时，不仅使用材料的认证（产品认证）至关重要，施工认证（工序认证）也是非常重要的； 产品或设施施工（工序）根据评估指南（BRL）进行认证，此类评估指南不适用于许可管理方法中的细化阶段
	CUR/PBV 第44条建议[67]（见A5.2.1部分）	土壤保护设施的检验和完工验收应由有资格的独立检验人员根据CUR/PBV第44条建议执行； 符合CPR指南的集液器/容器、储存柜和预制设施等不需强制按CUR/PBV第44条建议进行检验。在此情况下只需由企业自行进行防渗性检查即可（见A5.2.4）	关于"PBV防渗设施证书"事项，必须能目视检查相关设施； 有资格的检验人员及其所属公司必须取得检验相关设施的认证资格（见A5.2.1和B2.3.1）； 当设计和选择该类设施时，必须考虑相关物质的数量和属性

	行动	注意事项	建议
4.2a	公司污水系统的设计、施工和维护	CUR/PBV 第 51 条建议适用于公司污水系统的设计[52]；CUR/PBV 的 2001-3 报告[NN]涉及公司污水系统的管理和维护；列出了污水管的各种防渗类别	经修订的 CUR/PBV 第 44 条建议适用于公司污水系统的检验[67]；污水管土壤风险检查表（见 A3.3.5）显示，地下污水管无法获得低于 2 分的排放得分，因此，排放得分为 2 分的地下污水管，可暂时不履行土壤风险控制调查的义务（见 A5.2.2）
4.2b	大型地上储存罐（常压）的设计、施工和维护	对于 NRB 背景，大型常压储存罐的设计、施工和维护参考 Bobo 指南（参照 A5.1.3c）	该指南在第 B3 部分说明；有覆膜的立罐也包含在土壤风险检查表中（见 A3.3.1）
4.3	回到步骤 3		

A3.3 怎样进行土壤保护？

● 土壤风险检查表

各种事件都会造成土壤污染。事件的性质一方面通过污染物排放数量判断，另一方面通过事件的发生频率（或事件发生的概率）来判断。大型事故一般不会频繁发生；而小型事故发生的频率却相对较高。例如，溢出（少量排放）通常比爆管或储存罐及设施的安全故障要发生频繁。采用 NRB 方法的主要目的是一方面将土壤污染风险降到最低，尽可能减少泄漏、溢出等小事故，另一方面是改善容器设施，使污染土壤的排放物质尽可能少。

编制土壤风险检查表（BRCL）的出发点是，使土壤保护设施主要侧重于减少"溢出"和"事故"的风险。

溢出是发生频率较高（一年几次）、排放量较少的小型不良事件。例如，灌注或转运活动中的溢出损失或无法快速留意到的小泄漏等。

大型事故一般归因于设备组件的故障或操作失误，其影响局限于公司场所。大型事故包括但不限于长期泄漏、满溢装置故障、储存罐泄漏或止动阀的关闭故障等。

● 土壤风险检查表结构

在土壤风险检查表的基础上，每项工业活动都被赋予一个基本排放得分。

土壤保护措施和设施的使用可降低基本排放得分。在评估土壤风险时，物质的性质和数量并不重要。只有证明排放的物质不能渗透到土壤中或物质的数量或成分对土壤质量没有引起明显改变，土壤风险才能被视为是可忽略的。

措施（软件）和设施（硬件）必须互相配合以真正实现得分的降低。有效性较低的设施就需要搭配更严格的控制措施，反之亦然。

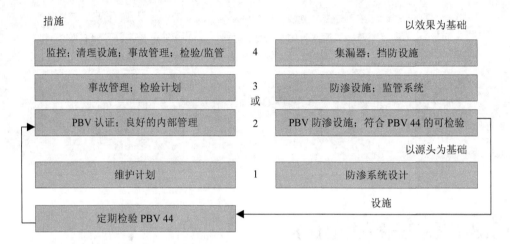

土壤风险检查表可看到每项活动的土壤保护措施和设施组合的有效性。组合描述分为系统设计（A4.1 部分）、挡防设施（A5.2 部分）和相关控制措施（A4.2 部分）等方面。必要时可给出相关活动与其他活动之间的联系。

有 PBV 防渗设施证书（PBV-VVV）的防渗挡防设施必须根据 CUR/PBV 第 44 条建议[67]进行定期检验。这在土壤风险检查表的"CUR/PBV 44"中予以说明。

控制措施还包括事故管理。在此情况下，要特别侧重于清洁设备、工作地面（良好的内部管理）和/或必要的清理设施以及员工的培训（设施和人力资源）等方面，以便在事故发生时能进行有效干预。

3.3.1	散装液体存储	
3.3.1.1	储存在地下储罐或用土覆盖的储罐中	
3.3.1.2	储存在直接放置于地上的储罐中	
3.3.1.3	储存在高架式地面储罐中（水平/垂直）	
3.3.1.4	储存在坑井或水池中	
3.3.2	散装液体的转运和内部传输	
3.3.2.1	装卸活动	
3.3.2.2	管线传输	
3.3.2.3	泵输送	
3.3.2.4	公司场所内用无盖桶等运送	

3.3.3	散装及包装货物的存储和转移	
3.3.3.1	散装货物的存储	
3.3.3.2	散装货物的转移	
3.3.3.3	带包装（用桶或容器）的固体材料（包括黏性液体）的存储和转移	
3.3.3.4	带包装（用桶或容器）的液体的存储和转移	
3.3.4	工艺设备	
3.3.4.1	封闭加工或处理	
3.3.4.2	开放和半开放加工或处理	
3.3.5	其他活动	
3.3.5.1	废水排入公司污水系统	
3.3.5.2	应急容储	
3.3.5.3	车间活动	
3.3.5.4	废水处理	

A3.3.1 散装液体存储

A3.3.1.1 储存在地下储罐或用土覆盖的储罐中

	系统设计			控制措施				
	基本排放得分	施工/设计	侧重于	特殊运行维护	检验	监管	事故管理	最终排放得分
防渗容器中的储罐	4	带检漏装置的防渗地下容器	灌注点和灌注管线；通风（CPR）		检漏	见2.1		1
带内部检漏装置的双重储罐		带检漏装置的双重壁	灌注点和灌注管线；通风（CPR）		检漏	见2.1		1
阴极保护系统		阴极保护系统	灌注点和灌注管线；通风（CPR）		定期检查阴极保护	见2.1		2

　　在某些情况下，地下或有盖储罐被放置于混凝土容器内，然后被灌注和覆盖。储罐置于混凝土容器内时，土壤污染风险降至最低。

该设施在容器内部储罐下方配备一个报警系统，当储罐完全包容在容器内时（100%包容），土壤得到最大保护。

因为无法目视确定容器是否防渗，所以报警系统非常重要。此类系统通常配备监测井以便定期取样。有时还能测定土壤气体及排出雨水的质量。

配备阴极保护和检漏装置的储罐的土壤风险也可忽略。在此情况下还应满足某些质量要求，例如配套质量管理系统，根据相关评估指南（BRLS）进行设计等。

阴极保护只有在系统定期检验的情况下才有效。单层储罐泄漏时（即便有阴极保护），液体会立即污染土壤。基于内层储罐泄漏时还能靠外层储罐挡防的思路，双层储罐效果比单层储罐更好。但是，土壤风险的差异并不代表排放得分的差异。

只有在土壤被腐蚀的情况下才需要用阴极保护或其他类似的防蚀保护（取决于土壤特性）。为了达到更佳的土壤保护效果，设施还要配合适当的检验计划，并根据《地下储罐保管法令》（BOOT）进行监控（在单层储罐情况下）。

土壤风险检查表假定双层地下储罐一直配备检漏装置。若非如此，储罐应被视为单层储罐。由于检漏系统能迅速记录泄漏，所以双层储罐没有必要一定搭配其他检验计划。

CPR 指南 9[18，19，20]建议双层储罐要配备检漏和阴极保护设施。有此双重保护的双层储罐能提供最佳的土壤保护，因为既能马上发现泄漏，又有措施保证对储罐外壁的损害减小到最低。

灌注和/或通风时储罐的溢出在很大程度上决定了储罐的土壤风险。特别是在储罐没有配备混凝土地下容器的情况下，必须配备满溢装置并配合正确的灌注操作。否则，满溢将导致液体直接流入土壤。在灌注点和出口的下方及周围安装防渗容器设施可减少该风险（见 A3.3.3.2）。需留意，根据《地下储罐保管法令》（BOOT），此措施是强制性的。

A3.3.1.2 储存在直接放置于地上的储罐中

系统设计			控制措施				
基本排放得分	施工/设计	侧重于	特殊运行维护	检验	监管	事故管理	最终排放得分
3	挡防设施；检漏			检漏		良好的内部管理	2
3	挡防设施	灌注点和灌注管线；通风（CPR）			见 2.1	良好的内部管理	2

系统设计			控制措施				
基本排放得分	施工/设计	侧重于	特殊运行维护	检验	监管	事故管理	最终排放得分
3	挡防设施；检漏	灌注点和灌注管线；通风（CPR）		检漏	见 2.1	良好的内部管理	2
3	挡防设施；检漏	灌注点和灌注管线；通风（CPR）		检漏	见 2.1	设施和人力资源	1
3	挡防设施；检漏	灌注点和灌注管线；通风（CPR）	储罐管理	检漏	见 2.1	设施和人力资源	1
3	防渗容器设施（+PBV-VVV）	雨水；灌注点和灌注管线；通风（CPR）		CUR/PBV-44	见 2.1	良好的内部管理	1

　　直接放置于地面上的储罐配备有效的覆膜，储罐的立壁焊接在覆膜上。由于覆膜不可见，因此无法通过目视识别任何缺陷。在此类型储罐内，报警系统的主要目的是探测覆膜上的泄漏。检查的重点为储罐（尤其是罐壁）及下垫面的状态、灌注点和满溢排水的状态等。"可控满溢排水"是指将液体（从储罐满溢出来的）通过有产品证明的防渗排水系统引入相应的容器设施内。

　　地上储罐一般配备防腐蚀保护措施和设施（如阴极保护系统和涂层等）。但防腐蚀保护并不能降低排放得分。

　　大型储罐（直径大于 8 m）的土壤保护相关内容可参照具体指南（Bobo 指南）A5.1.3c 部分。有关满溢装置和灌注说明的内容可参照子活动 2.1 的"装卸位置"及"灌注和排放点"（A3.3.2）。

A3.3.1.3　储存在高架式地面储罐中（水平/垂直）

系统设计			控制措施				
基本排放得分	施工/设计	侧重于	特殊运行维护	检验	监管	事故管理	最终排放得分
2	挡防设施	灌注点和灌注管线；通风（CPR）		目视	见 2.1	设施和人力资源	1
2	防渗容器设施（+PBV-VVV）	雨水；灌注点和灌注管线；通风（CPR）		CUR/PBV-44	见 2.1	良好的内部管理	1

若储罐下方配备防渗容器设施（见 A5.2.1 部分），则假定当出现溢流或满溢时，液体会流入防渗容器设施。

为获得最佳保护效果，挡防容器设施需要配备可控溢流排水装置或满溢装置。灌注一般都应配备满溢装置。

与单层储罐相比，双层地上储罐的土壤风险并没有那么高，从而可获得较低的排放得分。

A3.3.1.4 储存在坑井或水池中

系统设计			控制措施				
基本排放得分	施工/设计	侧重于	特殊运行维护	检验	监管	事故管理	最终排放得分
4	挡防设施				目视	设施和人力资源	3
4	挡防设施；检漏			检漏	目视	设施和人力资源	1
4	防渗容器设施（+PBV-VVV）	雨水		CUR/PBV-44			2
4	防渗容器设施（+PBV-VVV）	雨水		CUR/PBV-44	目视	良好的内部管理	1

坑井和水池是用于大量液体或固体材料存储的开放性存储设施。水池等相关内容见子活动 4.1：开放和半开放处理设备（A3.3.4）。

排水系统的连接见子活动 5.1：污水（A3.3.5）。

应急容罐通常以地下容罐和/或地上水池或储罐的形式出现。

A3.3.2 散装液体的转运和内部传输

A3.3.2.1 装卸活动

应将装卸平台设计为容器设施（见 A5.2 部分）。

为了避免事故发生，应严格按照灌注和抽出指南执行，并采用必要的设施和/或措施避免满溢，同时还要杜绝车辆在未抽出灌注管前开走。

另外，灌注软管应较短或被固定，以避免伸出容器设施以外。

在灌注或抽出点应配备集水盘。

若储罐的灌注点和通风点不在储罐井内，这些点上的容器设施需单独考虑。

	系统设计			控制措施				
	基本排放得分	施工/设计	侧重于	特殊运行维护	检验	监管	事故管理	最终排放得分
装卸平台	4	挡防设施	软管内带监测的自动停止装置；灌注软管固定装置			灌注说明；灌注软管上的检测装置		3
	4	挡防设施	储罐内带检测的自动停止装置			灌注说明；储罐检测		3
	4	挡防设施				灌注说明；灌注容量		3
	4	挡防设施	固定装置；自动停止			灌注说明；储罐检测	设施和人力资源	2
	4	挡防设施	固定装置			灌注说明；灌注容量	设施和人力资源	2
	4	挡防设施；集水盘	双层防渗满溢装置			灌注说明；储罐检测	设施和人力资源	1
	4	防渗容器设施（+PBV-VVV）	雨水；灌注软管长度/位置		CUR/PBV-44	灌注说明	良好的内部管理	1
排出点	4	集水盘	雨水			目视	设施和人力资源	1
灌注及通风点	4	集水盘	雨水			目视	设施和人力资源	1
	4	集水盘	雨水			可控溢流排水	设施和人力资源	1
	4	防渗容器设施（+PBV-VVV）	雨水		CUR/PBV-44	目视	良好的内部管理	1

A3.3.2.2 管线传输

	系统设计			控制措施				
	基本排放得分	施工/设计	侧重于	特殊运行维护	检验	监管	事故管理	最终排放得分
地下管线，包括附件	4			维护计划	管线检查		设施和人力资源	3
	4	防渗设计		维护计划	管线检查			1
防腐或配备阴极保护，包括附件	4	防腐/阴极保护		维护计划	定期检查阴极保护			3
	4	防腐/阴极保护		维护计划	管线检查；定期检查阴极保护		设施和人力资源	2
双层管，包括附件	4	双层，带检漏装置			检漏		设施和人力资源	1
地上管，包括附件	2		附件	维护计划	管线检查	目视	设施和人力资源	1

若经常检漏，完全露出地面的管线的基本排放得分可设为 1，因为地上管线的泄漏可以直接目视检查，而地下管线则不能。

地下管线的防漏设计有很多种。

类似于地下储罐的方法，配备防漏检测和防腐保护的双层系统可最大限度地降低排放得分。污水系统和工艺管道的功能类似，有关公司污水系统的详细描述参见子活动 5.1（A3.3.5）。

A3.3.2.3 泵输送

若此前（如活动 3：散装液体传输）没有提及，泵的位置应单独看待。在类别 1 和类别 2 容器设施的 1.3 和 1.4 中要求的 100%容量不适用于此处，因为泵可连接大型存储设施或加工设备。以下假定方法更行之有效：泵完全失效将会被操作员注意到，然后供应管上的阀门被关闭，因此只有少量液体溢出。

	系统设计			控制措施				
	基本排放得分	施工/设计	侧重于	特殊运行维护	检验	监管	事故管理	最终排放得分
双转轴,密封,带冲洗系统,见本表"泵,通用"	5			维护计划	泵检查		良好的内部管理	3
	5	挡防设施					良好的内部管理	3
	5	挡防设施		维护计划	泵检查		良好的内部管理	2
没有填料箱的泵	5	没有填料箱				目视	良好的内部管理	1
泵,通用	5			维护计划	泵检查		良好的内部管理	4
	5	挡防设施					良好的内部管理	3
	5	集水盘	雨水	维护计划	泵检查	目视	设施和人力资源	1
	5	防渗容器设施(+PBV-VVV)	雨水		CUR/PBV-44	目视	良好的内部管理	1

A3.3.2.4 公司场所内用无盖桶等运送

系统设计			控制措施				
基本排放得分	施工/设计	侧重于	特殊运行维护	检验	监管	事故管理	最终排放得分
5	挡防设施(场所内)					良好的内部管理	4
5	挡防设施(场所内)				目视	设施和人力资源	3
5	防渗容器设施(场所内)	雨水		CUR/PBV-44		良好的内部管理	2
5	防渗容器设施(场所内)	雨水		CUR/PBV-44	目视	设施和人力资源	1

土壤风险检查表没有涵盖"油罐车等在公司场所内运输"的活动,因为此类运输涉及的车辆也可以在公共道路上行驶。考虑到荷兰整个公路网还不是防渗的,对这类设施在公司场所内运输活动的要求会引起法律上的不平等。

对于在道路上运输危险物质,有专门的规章(ADR),旨在降低事故发生和土壤污染的风险。对于油罐车在公司场所内部使用,却又无法满足 ADR 指南要求的情况,建议最好关注土壤风险。

本书中只有部分防渗的场地被视作"可阻挡液体"的场地。

只有在场地完全防渗(见 A5.2.1/2 部分)或配备有检查过的、不透水的排水管,且还配备在事故中使用的如油/水分离器及阀门等设施时,土壤风险才可以视为可忽略。

公司应与主管部门讨论,在实际评估各种参数的基础上,对可能存在风险的场地进行界定。

A3.3.3 散装及包装货物的存储和转移

A3.3.3.1 散装货物的存储

系统设计			控制措施				
基本排放得分	施工/设计	侧重于	特殊运行维护	检验	监管	事故管理	最终排放得分
4		顶盖/覆盖					3
4	挡防设施	顶盖/覆盖			目视	设施和人力资源	1
4	防渗容器设施(+PBV-VVV)	雨水		CUR/PBV-44			2
4	防渗容器设施(+PBV-VVV)	雨水;顶盖/覆盖		CUR/PBV-44		良好的内部管理	1

既没有顶盖也没有其他设施,且与土壤直接接触的存储设施也有一个基本排放得分。在以下情况下加上顶盖可降低土壤风险:

- 顶盖足够大,可避免雨水与散装货物接触;
- 配备设施,避免液体和/或雨水从存储设施附近随意流动到顶盖下的地面,浸入散装货物从而造成土壤污染。

若存储设施有挡边或在有固定(防渗)墙的建筑物内存储,一般都能满足要求。另外,墙和屋顶还可以避免材料被吹走。

如果雨水能渗入存储设施或污染液体能从散装货物排出，必须通过合适的公司排污系统来控制排放。单靠防渗下垫面或控制排水/雨水不足以达到可忽略的土壤风险，但如果有顶盖（在存储"干燥"散装货物情况下），那么有挡流的下垫面就足够了。

A3.3.3.2　散装货物的转移

系统设计			控制措施				
基本排放得分	施工/设计	侧重于	特殊运行维护	检验	监管	事故管理	最终排放得分
4					目视	设施和人力资源	3
4	挡防设施				目视	良好的内部管理	3
4	挡防设施				目视	设施和人力资源	2
4	挡防设施				目视	设施和人力资源	1
4	防渗容器设施（+PBV-VVV）	洗涤水和雨水		CUR/PBV-44	目视	良好的内部管理	1
4	封闭系统	连接	维护计划		目视	良好的内部管理	1

"封闭系统"是指各边都有合适的处理风力扩散和超载溢出的设施系统（如气动升降机、螺旋或链式传送机、皮带传送机等）。

利用"开放系统"转移散装货品（如吊车、开放传送带或从货车上直接倾卸等）通常会有相对较多的溢出，因此要配备专门的监控和清理设施来控制土壤风险。土壤风险在封闭系统内会相对降低。

其他形式的转移（如移动容器等）通常包含在包装货物转移的相关内容里。

A3.3.3.3　带包装的固体或黏性物质的存储

如果包装破损，大量固体材料或黏性液体从包装中溢出，且扩散速度相对较慢而流动时间较长，导致土壤污染。因此，其基本排放得分一般低于包装液体的基本排放得分。

若物质使用特殊材料包装（如金属包装和 UN 认证包装等），那么包装破损的风险将会得到控制。这通常用于需满足 ADR（道路及道路运输）、IMO（航运）或 IATA（航空运输）要求的危险物质运输。

系统设计			控制措施				
基本排放得分	施工/设计	侧重于	特殊运行维护	检验	监管	事故管理	最终排放得分
3		特殊包装			目视	设施和人力资源	2
3	挡防设施/容器					良好的内部管理	2
3	挡防设施/容器	特殊包装			目视	设施和人力资源	1
3	防渗容器设施（+PBV-VVV）	洗涤水和雨水		CUR/PBV-44	目视	良好的内部管理	1

当使用特殊包装时，只需要采用带挡流的下垫面，且经常监控并用正确程序处理泄漏，就可以获得可忽略的土壤风险。

A3.3.3.4　带包装的液体的存储

系统设计			控制措施				
基本排放得分	施工/设计	侧重于	特殊运行维护	检验	监管	事故管理	最终排放得分
4		特殊包装			目视	设施和人力资源	3
4	挡防设施/集水盘					良好的内部管理	3
4	挡防设施/集水盘	特殊包装				良好的内部管理	2
4	挡防设施/集水盘				目视	设施和人力资源	2
4	挡防设施/集水盘	特殊包装			目视	设施和人力资源	1
4	防渗容器设施（+PBV-VVV）	洗涤水和雨水		CUR/PBV-44	目视	设施和人力资源	1

进一步说明请参照子活动 3.3：带包装（桶或容器等）的固体材料或黏性液体的存储和转移。

A3.3.4　工艺设备

A3.3.4.1　封闭加工或处理

系统设计			控制措施				
基本排放得分	施工/设计	侧重于	特殊运行维护	检验	监管	事故管理	最终排放得分
3	挡防设施					良好的内部管理	2
3	挡防设施				目视	设施和人力资源	1
3	防渗容器设施（+PBV-VVV）	洗涤水和雨水		CUR/PBV-44		良好的内部管理	1
3	封闭系统	泵；装配；取样点等	维护计划	系统检验		良好的内部管理	1

本子活动所涵盖的设备在正常操作时不打开，如封闭反应器、封闭塔等，一般要通过作为设备一部分的管道进行灌注或排空。

封闭系统中工艺设备的设计和建造，要确保在正常条件下，加工或辅助物料不能溢出工艺保护盖以外，如没有排出口和/或检查口的（双层）加工器皿及没有法兰的焊接管等。

A3.3.4.2　开放和半开放加工或处理

系统设计			控制措施				
基本排放得分	施工/设计	侧重于	特殊运行维护	检验	监管	事故管理	最终排放得分
4	挡防设施					良好的内部管理	3
4	挡防设施				目视	设施和人力资源	2
4	防渗容器设施（+PBV-VVV）	洗涤水和雨水		CUR/PBV-44			2
4	防渗容器设施（+PBV-VVV）	洗涤水和雨水		CUR/PBV-44	目视	设施和人力资源	1

"半开放加工和处理"应用于必须打开以进行灌注或排空的设备或部件，包括过滤、挤压、压铸、干燥、包裹、加热、冷却、自动灌注、配料和称重等活动。

"开放加工和处理"类别包括在限制区域内不能发生的活动，或者如喷射或喷砂等采用专门的设施和措施防止物质扩散到环境的活动，包括直接在裸露地面进行的步骤、潮湿物料的移动和临时存储，以及洗车等。

在整个活动过程中都需要有防渗容器设施，以使开放和半开放过程的土壤风险可忽略。利用带挡边的地面和/或防渗排水装置可以达到此收集效果。

此外，还必须配备清理设施，以便在事故发生时能迅速做出恰当的反应。

A3.3.5　其他活动

A3.3.5.1　废水排入公司污水系统

	系统设计			控制措施				
	基本排放得分	施工/设计	侧重于	特殊运行维护	检验	监管	事故管理	最终排放得分
地下污水管道	4				污水管检查		设施和人力资源	2
		CUR/PBV-第51条建议	井坑、污泥收集池、隔油器接口	CUR/PBV-2001-3报告	CUR/PBV-44[*]		设施和人力资源	1
地上污水管道	4		装配	维护计划	管线检查		设施和人力资源	1

注：* 第三次修订版[67]。

污水处理系统位于地上时可看作是一条化学管线。因此，其排放得分与子活动 2.2（A3.3.2）的得分相同。

采用合适的检验计划和应急计划可使排放得分降低 2 分。仅靠现有地下污水管道无法获得可忽略的土壤风险，因而需要进行土壤风险控制调查，以使土壤风险可接受。目前的措施还不够合理。

根据 CUR/PBV 第 51 条建议[52]，新建造的地下污水管道可以按 CUR/PBV 的报告 2001-3[64]进行维护，能在 CUR/PBV 第 44 条建议[67]的基础上进行目视检查。带有效 PBV

防渗证书设施的新地下污水管道能获得可忽略的土壤风险。

A3.3.5.2 应急容储

	系统设计			控制措施				
基本排放得分	施工/设计	侧重于	特殊运行维护	检验	监管	事故管理	最终排放得分	
地下	3		（CPR）灌注点和灌注管线			见2.1	设施和人力资源	2
	3	防腐蚀/阴极保护			定期阴极保护	见2.1	设施和人力资源	2
	3	防腐蚀/阴极保护	（CPR）灌注点和灌注管线		定期阴极保护	见2.1	良好的内部管理	2
	3	防腐蚀/阴极保护	（CPR）灌注点和灌注管线		定期阴极保护	见2.1	设施和人力资源	1
地下预制	3	防渗设计			内部目视检查	见2.1	设施和人力资源	1
地上	3	地上	（CPR）灌注点和灌注管线		目视检查	见2.1	良好的内部管理	1

应急容储罐只在应急情况下使用。因此，该活动不同于在储罐或水池的存储。

最通用的类型是地下储罐，但也有一些地上坑井或储罐。用来存放消防水的应急池不在此处讨论。由于地下储罐只在特殊情况下才灌注，大部分时候都没有装填液体，因而应急储罐的基本风险得分为3分。

应急储罐必须保证排放物质在存放期间（一般不超过3～4天）的防渗性。防腐蚀也是必需的，因为储罐大部分时间是空的，物料的腐蚀会更快（主要在内部）。因此其内部必须带涂层。在土壤属性要求防腐蚀的地区，还需要提供外部阴极保护。

如果灌注时能得到有效监管，地上应急容储罐的泄漏就能被立即发现。假定随后的灌注和排出活动都会立即被中止，那土壤风险可视为可忽略。

A3.3.5.3 车间活动

存储和加工活动都可能发生在车间。存储的物料可以是废物、化学废物、燃料以及清洁剂、液压油或其他油类等日常储备。

	系统设计			控制措施				
	基本排放得分	施工/设计	侧重于	特殊运行维护	检验	监管	事故管理	最终排放得分
没有存储	4	挡防设施					良好的内部管理	3
	4	挡防设施				目视	设施和人力资源	1
存储	4	挡防设施/集水盘	存储			目视	良好的内部管理	3
	4	挡防设施/集水盘	设备			目视	良好的内部管理	3
	4	挡防设施/集水盘	存储和设备			目视	良好的内部管理	2
	4	挡防设施/集水盘	存储和设备			目视	设施和人力资源	1
	4	防渗容器设施（+PBV-VVV）	洗涤水排水管		CUR/PBV-44		良好的内部管理	1

该子活动主要涉及施工和维修车间，如金属加工、木材加工或设备建设等。

车间的基本得分设定为 4 分。主要考虑了以下因素：

● 基于活动的密集性，溢出的频率也相对较高，故基本得分也应较高；

● 假定车间地面是铺砌的，可视为可挡留的。另外，车间内的溢出一般较小，且通常发生在工作期间，从而能被迅速发现。基于此可降低基本得分。

若设备（如板桩、液压传动机器等）和存储点位于集水盘的上方，为了达到可忽略的土壤风险，就需要有可挡留的地面，且需定期监控并有效地清理溢出物和泄漏物。

有关储罐的存储请参照子活动 1.3：地上存储（A3.3.1）。加工活动参见子活动 4.2：开放和半开放加工或处理（A3.3.4）。

A3.3.5.4　废水处理

公司的废水处理系统通常是一个可清晰界定的独立装置。废水处理系统可看作是管道/下水道和水池的组合。

假如废水处理系统的独立部分没有区别于普通管道或水池的明显特性，可参照子活动 1.4：坑井和水池（A3.3.1）和子活动 2.2：管线（A3.3.2）。

A4

｜措 施｜

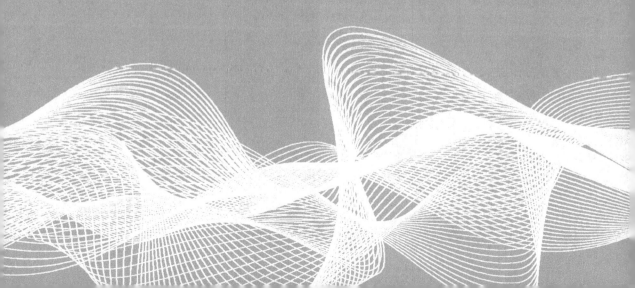

A4.1 一般性措施

有利于直接或间接保护土壤的各种工业操作措施，通过以下方式的运用，可更加有效地发挥其效能：

- 将涉及土壤污染（包括存储及生产过程中的）的活动尽可能集中起来。尤其是在新形势下，这种方式可有效降低设施和措施成本；
- 将不同种类、不同属性的物质分别存储，并采用土壤保护设施和措施对这些物质进行专门处理。这避免了低效、高成本地在场地周围到处安放设施的乱象。CPR指南的基本原则也要求对物质进行分类存储。

● 系统设计

将污染物质隔离开的辅助设施（可能安装在套管内或套管上）可以降低土壤风险。如防漏或防渗系统设计（如无法兰接口或带检漏装置的双层系统等）配合专门的维护方案对降低土壤风险非常有效。

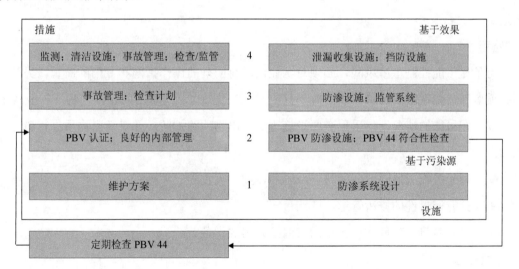

A4.2 控制性措施

措施与设施要互相配合。效能较差的设施需要更严格的控制措施，反之亦然。控制措施可细分为"检修与维护""监管与检查"以及"应急事件管理"。

A4.2.1　检修与维护

预防性维护能延长设施的使用寿命。建议按方案进行维护，维护方案应包括：

- 哪些设施需要维护；
- 维护频率；
- 维护内容；
- 由谁执行维护；
- 维护时需要哪些资源。

A4.2.2　监管与检查

两者之间存在如下差异：

- 监管侧重于对操作指南识别的关键风险环节实施的监督；
- 检查侧重于对设备和设施进行定期或自动的检查。

检查的一个特殊形式是"执行清理职责的土壤调查"。该调查不包括在土壤风险检查清单（见 A3.3 部分）里，但必须经常以土壤污染调查或者监管的形式进行，以降低土壤风险。

a　监管

为了尽可能控制土壤风险，必须对工业活动有明确的操作指南和专门的监管。另外，还必须培训员工在出现故障或溢出时如何应对，以及如何利用资源防止溢出物质扩散或渗入土壤。在可能的情况下，采用必要设施避免溢出物质的扩散，并对溢出物质进行清理。例如：

- 用于吸收或储存泄漏的材料或容器，如：吸收棉、大桶等；
- 具有密封性的排污管道；
- 能及时将地势低洼处淤积的渗漏液泵出的设备。

b　目视检查

工艺容器、管线、泵和土壤保护容器设施都需要定期检查，即便设备不要求进行预防性维护，运营单位也需要定期检查是否有泄漏或破损等情况。这些均取决于物质的属性以及实际操作情况，故无法给出有效判定检查时间间隔的通用性准则。

检查计划应列明：

- 应检查哪些设施；
- 检查频率（具体活动的定期监管）；

- 检查方法（目测、取样、测量等）；

- 需要哪些专业知识；

- 由谁负责检查；

- 需要哪些资源；

- 结果如何报告和记录；

- 发现异常时需采取什么行动。

❖ **土壤保护设施的检查**

对于简单的设施（如滴盘和地面等），检查失误风险较低，由经过适当培训并有一定经验的员工执行即可。对于特定的工业活动，公司也可安排员工执行检查，但通常要将作业环境以及情况的变化详细告知这些员工。

对于开放的、可进行目视检查的防渗设施，需要有资质的检验员出具有效的 PBV 防渗设施证书（见 A5.2.1 部分）。此类证书有效性的前提条件是企业本身也需要经常对此类设施进行目视检查，并在日志本上记录发现的情况及应对措施。

有资质的检验员也利用此日志本来确定 PBV 防渗设施证书的有效期。

企业用于目视检查的检查清单见 CUR/PBV 第 44 条[67]。有资质的检验员会对企业检查过程中发现的问题做进一步的调查。

c 自动监测/泄漏检测

自动监测可替代目视检查对设备状况进行检查。例如，在双层储罐或管线中的泄漏检测系统，在挡流板下、地下容器上的泄漏检测系统。自动监测系统应被视作设备的一部分（见 A5.1.2 部分），当出现故障时，不能一发现故障，就将自动监测/泄漏检测系统与设备分离。

泄漏检测不应与降低风险的监测混淆。泄漏检测是用来监控"土壤以外"的设备的，而监测作为土壤风险控制调查工作的一部分，可以把污染物质进入土壤的情况告知管理层。

d 执行清理职责的土壤调查

在设施和措施就位后，即便土壤污染风险是可忽略的，也不能排除污染的可能性。工业活动结束后需进行专门的土壤调查，判断这些活动是否造成明显的土壤污染。

在措施和设施无法使土壤污染风险达到可忽略水平时，需对土壤质量进行有效的监测。NRB 的第 B I 部分详细描述了在土壤防治保护框架内如何具体执行土壤质量监测。

d.1 探索性研究

污染发生后，做出适当的土壤清理决策所需的调查量可通过以下探索性研究确定：

- 工业活动的位置；

- 土壤分层和水文地质资料；
- 所使用或存储物质的流动性、溶解度和挥发性资料。

必须在该研究的基础上，判断物质可能渗入土壤的位置以及扩散方式。然后确定一个调查策略，指出需要在哪里（位置、深度）开展土壤质量评估。

d.2 土壤污染调查

在工业活动开始或发生变化前应建立土壤的质量基准。在活动结束后，也应使用同样的方法确定土壤的最终状况。若调查结果有明显差异，就意味着相关工业活动造成了土壤污染。

最好进行中期调查（在适当的情况下定期调查），尤其是在基准状况调查与最终状况调查之间的间隔时间特别长的情况下。这样，如果企业活动造成污染，就可以进行早期干预。土壤污染调查的详细信息参见第ＢⅠ.4部分。

d.3 以降低风险为目的的监测

只有在某些情况下，经过专门的土壤调查，主管部门才会认同风险可接受。在这种情况下，必须根据"土壤质量监测指南（工业活动）"（见ＢⅠ.4部分），为降低风险进行监测。

虽然 NRB 不将以降低风险为目的的监测列入所有其他情况的措施范围内，但主管部门、保险公司或公司都希望开展监测活动也必然有他们的原因。

以降低风险为目的的监测系统不被看作土壤保护设施，这是一项土壤保护措施且不能与清理职责分开（见 A2.2.1 部分）。以降低风险为目的的监测是在早期阶段检测土壤污染，并减少土壤清理活动的措施。因此，与泄漏检测不同，监测系统的目的并非立刻检测设施的故障。对取样网络功能的定期检查和维护是必要的，并要在监测方案中列明。在企业内部要明确由谁负责控制和计划、谁有权做出更改。

以降低风险为目的的监测必须经主管部门批准。若监测显示工业活动造成土壤污染，除非在土壤清理行动计划中另有说明，否则必须尽快采取清理行动。如果主管部门提出要求，可能需要采取临时控制措施（见 A2.Ⅰ.2C）。

d.4 协调基准调查、最终调查、土壤污染调查和土壤质量监测以降低土壤污染风险

由于以降低风险为目的的监测旨在将土壤风险降到可接受水平，因而其目的乃至结构会完全不同于土壤基准状况、中期状况、最终状况的评估。

若有关工业活动的土壤污染调查已经建立有效的监测系统，中期土壤调查（重复调查）的必要性就不显著了。但是，以降低风险为目的的监测和中期土壤调查在设计上有所不同。以降低风险为目的的监测需要特别追踪工业活动场地土壤质量的变化。

土壤状况的中期调查相比以降低风险为目的的监测调查，频率低、深度浅。因此，对

于土壤风险类别 B 的工业活动,中期调查(重复调查)不能取代监测调查。另外,监测受限于蒸汽和液体土相的取样,也不能替代土壤基准调查、中期调查和最终调查。

在进行最终土壤调查时,针对某些工业活动,主管部门可参考最近的监测结果。需指出的是,以降低风险为目的的土壤监测无法识别进入固相土壤的非流动物质,但是进入固相土壤的非流动物质却能在转移活动结束后被检测到。

A4.2.3 应急事件管理

a 良好的内部管理

土壤保护措施应作为企业内部管理规则及安全有序生产指南的一部分。

不管在土壤保护方面做出多大的努力,仍需处理泄漏和清理溢出物质。良好的内部管理是良好环境管理的基础。

特别是对于长期保留设施(见 A5.2.4 部分)而言,监测和经常性检查至关重要。在此情况下,快速有效的事故应急响应依赖于有针对性的清理设施和训练有素的员工。

溢出和泄漏检查、检查与维护方案以及具体应急方案等可纳入"土壤保护和污染防治系统"或企业的环境保护系统。

❖ 环境保护系统认证

企业环境保护系统可根据 EMAS 或 ISO 14001 进行认证。除 EMAS 要求环境报告由独立主体核查以外,这些质量系统都是类似的。

> 在环境保护系统内,文件中的政策主张、程序、工作指南,以及相应的登记和报告等都非常重要。与事故管理有关的文件和程序的概述参见 NRB 的 B3.1 部分。

b 设施和人力资源

即便设施和措施到位,污染物质也会因工艺设备、人为失误等原因释放并污染土壤。应急事件管理的目的是:

- 识别可能的事故;
- 制定方法和程序,将事故损失降到最低;
- 做出安排,以便事故发生时:

☞ 阻止物质的释放；

☞ 避免物质进一步扩散或渗入土壤；

☞ 若发生土壤污染，则进行清理；

☞ 事故发生后找出原因，在可能的情况下采用一定设施和措施将重复发生的事故风险降到最低。

即使无法识别所有不良事件，仍要尽可能地辨识可预见事故，制定相关程序，列明应采取的行动以及由谁来执行。建议将应急事件管理纳入环境保护系统。

b.1　企业应急预案

企业应急预案包括避免土壤污染或控制污染程度的程序（若物料从套管逸出、泄漏和溢出等）。此处的例子包括因设施故障或操作失误导致的消防水和溢出物质的收集与排放。

应急预案应始终包含以下方面：

● 通知和登记：

☞ 应向谁报告事故；

☞ 何时通知主管部门。

● 避免扩散；

● 辅助材料；

● 清场、清洁和清理；

● 疏散。

b.2　员工培训和指示牌

应指导及培训员工了解有关工艺设备的正确使用方法以及相应的程序和保护措施，包括应急措施的使用、释放物质的清理以及向指定人员汇报事故等方面。

作业人员对作业进度的具体监督可降低土壤风险。建议在邻近活动位置的显眼处放置操作和安全指南。

b.3　吸收材料等的应用

有时利用吸收材料及时清理可以避免溢出物质渗入土壤或进一步扩散。

在生产活动的邻近区域必须放置合适的清理设施。除了吸收材料和用于清理的大桶，还应有止漏的材料。

c　应急事件管理

通常情况下，有效的措施和设施组合可将土壤风险降到可忽略水平（土壤风险类别 A）。

有时，基本措施或设施不能使用，土壤污染应急事件①就会无法避免。在某些情况下，按照 B I .5 章规定的前提条件，依靠以降低风险为目的的土壤质量监测无法获得可接受的水平（土壤风险类别 A*）。

当土壤风险无法忽略时，侧重于土壤污染事件的应急管理，在某些条件下，可作为企业达到可接受风险等级的选择方案。该土壤污染应急事件管理系统是一般事故管理系统的进一步细化，包括程序、计划、工作指南、人员培训和指导，具体方法如下：

- 通过泄漏检测、土壤质量监测、设备定期检查等活动对污染事件进行预警；
- 在土壤污染事件发生后，采取快速有效的行动，将土壤质量恢复到基准水平；
- 通过工作指南、监管程序、设备更换与改善维护等质量保障程序避免事故再发生。

原则上，土壤污染应急事件管理在所有企业内都是切实可行的，但能达到可忽略的土壤风险的基础设施却不一定能获得。公司内需运行环境保护系统，包括与上述土壤污染应急事件管理有关的部分，并通过获得 EMAS 或 ISO 14001 认证等方法来证明其应急事件管理系统的有效性。

NRB 的 3.2 部分给出了将土壤污染应急事件纳入管理系统的范例。此概述是对 B3.1 节的补充，列出了与应急事件管理相关的各部分要素。

主管部门通过核查以下内容检查土壤污染应急事件管理系统是否正确运行：

- 证明文件：

核查是否存在相关文件、程序、记录及其更新情况的说明。

- 方法有效性及应急事件管理团队技能的证明：

检查土壤污染事件后所需清理方法在现场是否切实可行，演习和训练是否按计划进行。

- 是否遵循程序：
  - ☞ 核查程序是否被有效采用；
  - ☞ 核查监督/检查是否按计划进行，是否做好结果记录。
- 保护系统的正常运行：

利用环境保护系统的输出结果（如内部审核记录、政策主张的变更及程序、监测器数据等），检查报警系统和清理的整体效果是否能达到可接受的土壤风险等级。

---

① 土壤污染应急事件是指释放的混合物污染土壤，或泄漏检测、土壤监控及其他方法显示土壤受污染的事件。在这些情况下，意味着更严格的土壤污染应急事件管理系统可能对降低土壤风险更为有效。该系统必须以早预警和在土壤污染后全面恢复到土壤质量基准为基础。

使用包括土壤应急事件管理等土壤保护策略后还是会发生土壤污染。虽然措施可降低土壤污染事件（和土壤污染）的风险，但其整体效果还不足以排除土壤污染的可能性，因为如果措施足够完善，土壤风险就应该是可忽略的了。

土壤污染应急事件管理意味着为土壤污染事故提供了一个有效的报警系统。有时目视检查或泄漏检测就已足够。但在大部分情况下，需要通过以降低风险为目的的监测来守住土壤质量基准（见 B1.5.1）。

土壤质量基准调查作为降低风险的监测手段，是土壤污染调查必不可少的重要工作内容。重复的中期土壤调查（在某些情况下需要）不足以作为土壤污染事故管理的预警手段。

A4.3　根据清理职责清理土壤

按照《环境管理法》和《土壤保护法》关于保护职责方面的规定，企业有义务在发现土壤污染后进行土壤清理。必要时，需要立刻采取临时控制措施，主管部门负责评判这些措施是否有必要。

建议把清理土壤的职责在环境许可证的条件上列出。

即便将土壤风险降到可忽略水平（土壤风险类别 A），企业仍然有清理的义务。土壤污染发生后，采用包含该领域最先进技术的清洁方法（参见土壤修复方法手册[66]）进行土壤清理，其目的是将土壤质量恢复到基准水平。

清理职责适用于以下两种情况：

- 即便已经采用设施和措施使土壤风险可忽略，若最终调查或中期调查显示生产活动会造成不可预见的土壤污染，仍需对土壤进行清理；
- 当监测显示或最终土壤调查显示，使用措施和设施组合无法让土壤风险达到可忽略等级，仍然出现土壤污染时，需要将土壤质量恢复到基准水平。

在执行清理职责时，合理性考量起着重要作用。比例原则规定，处罚（土壤清理费用）和收益（土壤质量基准恢复情况）必须成比例。因此，主管部门需要尽可能地核实土壤污染的严重性与土壤清理效果是否相当。

按照 NRB，清理职责只针对未来的污染。基于预防性措施与设施的使用，未来污染的程度将相当小。按照 NRB 的 BⅠ部分进行的土壤污染调查将污染羽长度减至最短，清理成本降到最低。

土壤清理的环境目标是将土壤质量恢复到土壤质量基准状态（见 BⅠ.4 部分）。

　　在《财务担保条例草案》（政府公报，2001 年 7 月，134 页）的框架内，估算清理费用为 22 500 欧元。该数额是假定选择最新技术的情况下的粗略估算。土壤质量恢复过程不应持续多年。

　　若企业还未获得可忽略的土壤风险等级，应在最短的时间期限内将土壤质量恢复到基准状态。

A5

∣ 设 施 ∣

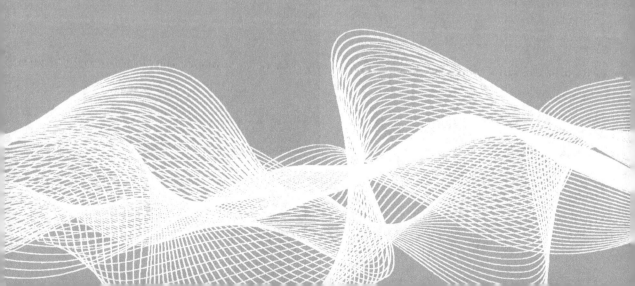

A5.1 基于污染源与特殊设备的设施

A5.1.1 基于污染源的设施

基于污染源的土壤保护设施是指有助于将污染物质保留在固定设备内的设施（参见 A2.1.2a1 部分）。例如，改进密封性、无法兰连接的防渗设备，再如带检漏功能的双壁系统等。基于污染源的土壤保护设施需要特殊安装，这种设施的特殊安装是安装环节必不可少的组成部分（见 A3.3 部分）。

基于污染源的设施通过采用特殊的维护方案来保障土壤保护的效果。

A5.1.2 辅助设施

● **泄漏检测**

泄漏检测系统作为连续监测系统，用于处理或存储失败后的渗漏设备故障检测，泄漏检测系统是目视检查的良好替代方案。不能一发现故障，就将自动监测/泄漏检测系统与设备分离。

泄漏检测的目的在于使泄漏物质在渗入土壤之前被检测出来。因此，泄漏检测系统不同于检测土壤中污染物迁移扩散的风险控制监测系统。

在无法进行目视检查的情况下，泄漏检测就特别适用。例如，地下储罐和地下管道，或者在防渗密封层上的大型储罐下方区域。

渗漏系统检测出故障是预防土壤污染的重要组成部分，但为了防止污染物质渗入土壤，还需要额外的屏障，如防腐保护。

A5.1.3 特殊安装的设施

a **储存和转运**

    a.1 溢流装置；排气孔；

    a.2 填充设施；

    a.3 冲洗和清洗区域。

b **大型地表储罐**

对于罐区土壤的保护，需在工业场地的设施内或周边采取不同措施。因此，需要针对大型地表常压储罐制定一个特殊准则。《地表常压储罐（土壤保护）指南》已列入《荷兰工业企业土壤污染防治指南》B3 部分，重点介绍罐底泄漏的应对措施。本指南应被视为针对"立式隔膜地表储罐"的专门性规定，指南中规定的条款被纳入土壤风险检查清单。

b.1　指南的适用范围

《地表常压储罐（土壤保护）指南》适用于圆形、平底、直径超过 8 m 的立式储罐，此类储罐由碳钢制成，专门适用于储存凝固点低于 12℃的矿物油、石油产品或化学品，但不包括常压储存液化气体的储罐（"冷却存储"）。

在一定条件下，指南也可作为土壤风险清单中次级活动 1.2 的一种替代规定（见 A3.3.1），适用于直径小于 8 m 的储罐。

b.2　指南内容

《地表常压储罐（土壤保护）指南》包含了储罐施工和改造的说明，以及设施与措施功能性要求的概述。

本指南内容仅限于储罐底部泄漏的措施；与储罐其他配件相关的安装措施和设施不包含在本指南中。本指南详细阐述了以下几个方面内容：

- 指南的适用范围。
- 储罐及储罐底部设计、施工和使用的基本要求。

对于储罐底部的设计和施工，以及检查和维修，本指南引用了本行业的相关标准、指南（特别是 CPR 指南）和建议。

- 现有储罐的评估方法。

大型常压储罐的评价方法与土壤风险清单的评价方法有所不同。该评价方法不是采用"污染物排放得分"，而是采用"土壤侵害得分"，因此储罐的底部基础条件对评估结果具有重要影响。这种方法符合储罐的特殊功能要求。然后，可以依据该得分得出相关储罐的土壤风险类别。

大型地表储罐的评估方法中包括 B^* 类土壤风险：已累加的风险，即不可能通过监测土壤降低风险的方式把风险降低到可忽略的水平（土壤风险类别 A）。

与其他工业活动一样，储罐也可能存在 B 类土壤污染风险，必须根据监测指南实施监测，以降低风险。

- 储罐施工和改造的基本原则

新建储罐和改造储罐必须符合公认的标准、指南和建议；特殊设施应该符合本指南专门规定的要求。新建储罐和改造储罐的一项重要原则，就是必须在储罐底部增加额外的密封层，并在储罐底部和密封层之间安装泄漏检测装置。

- 设施和措施的特殊功能要求

大量的土壤保护设施可以适用于大型储罐。针对各种可能的保护设施已讨论了很久。

最新工艺是以在双罐底、围坝/基座底部增加防渗密封层的形式，来提供额外的保护。储罐和额外保护层之间可以安装泄漏检测装置。

此外，对保护设施外涂层、止水垫层、底板等进行防腐也非常重要。防腐的目的是防止雨水和地下水的入侵影响设施对土壤的保护作用。

A5.2 基于效果的设施

基于效果的设施可以防止溢出物质或泄漏物质渗入土壤（参见 A2.1.2 中 a.2）。

每个设施（硬件）都需要特殊的控制措施（软件）。效率低的设施就需要更严格的控制措施，反之亦然。

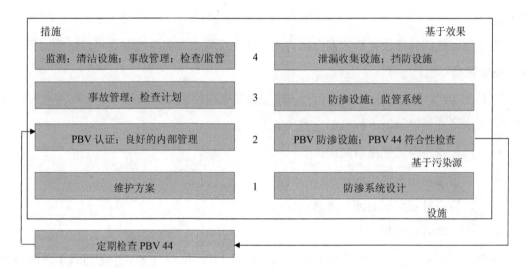

设施的土壤保护效果主要取决于设施使用期间对相关物质的防渗性能。所谓"防渗"是指在规定要求的条件下，污染物质不会通过设施渗入土壤中。

在一定程度上，许多密封剂是可渗透的，即液体可以渗入材料中。只要液体不渗透到材料的另一侧，就可以认为该材料是防渗的。对于许多防渗设施来说，连接结点是薄弱环节。连接节点是指密封端或断点。因此，防渗连接非常重要。

《荷兰工业企业土壤污染防治指南》区分了三类基于效果的设施：

（1）具有 PBV 证书的防渗设施；

具有 PBV 证书的防渗设施表明其具有当前最新工艺水平的最佳密封层。如果在新建构筑物中需要使用土壤保护设施，最好选用可以进行目视检查的并且具有 PBV 防渗设施证书的设施。

（2）排水系统。

（3）防渗容器。

（4）阻隔设施和滴盘。

对于不同类别的设施，为确保土壤保护效果所需的控制措施各不相同。下文将对各类设施进行简要讨论。

A5.2.1 具有 PBV 证书的防渗设施

具有 PBV 证书的防渗设施是一种可以进行目视检查的（地表）防渗设施，其设计和建造符合 PBV 的相关要求，这类设施需具有合格检查员颁发的有效 PBV 防渗设施证书。

具有 PBV 证书的防渗设施表明其具有当前最新工艺水平的最佳密封层。

如果在新建筑物中需要使用基于效果的土壤保护设施，最好选用可进行目视检查的合格设施。

由于该设施的特殊设计和定期合格检查，往往可将土壤风险控制在可忽略的水平。

a PBV 证书

有效的 PBV 防渗设施证书是判断防渗设施是否防渗的唯一方法，该证书在有效期内有效。合格检查员根据以下标准确定有效期限：

- 地板或路面已使用时间；
- 当前用途和预期用途；
- 在检查时观察到的液体渗透情况；
- 在检查时的地板状况。

在有效期结束前，必须对地板再次检查。CUR/PBV 推荐方案 44[67]包含了评估地板或路面是否防渗的要求和规则。本推荐方案介绍了具有明确性能要求、测定方法和审批标准的检查程序。

b 认证[①]

KOMO 工艺证书可以用于土壤保护设施的认证，评估指南（BRL）是认证的依据。该评估指南介绍了质量体系对证书持有者的强制性要求，以及认证产品或工艺必须满足的要求。该评估指南并未要求发放环境许可证时要制定确保产品或工艺符合评估指南要求的目标。唯一的要求就是产品或工艺必须符合相关的评估准则，认证机构不需要进行检查。在这种情况下，组织本身必须进行必要的检查，包括质量体系和产品要求的检查，且最好采

---

① 2001年开始实行的一项制度，即独立合格检查员组织和防渗设施顾问（ODI/VDV）可以颁发证书。
在这项制度实施之前，只有具有 KIWA/ PBV 报告 9801 所规定资质的专家才能颁发该证书。该专家应独立于防渗设施所属的公司、开展所有清理活动的公司以及依法审批的主管部门。2000 年 10 月，评价准则 1151——《用于土壤保护设施检验的 KOMO 工艺证书国家评估指南》开始实施。更多信息可以拨打电话：+31（0）341 42 21 74 联系 ODI / VDV。

用已认证的产品或服务。在这种情况下，由认证机构开展必要的检查。通常，评估指南的技术要求都依据相关标准或推荐方案。故在实践中，如果产品或工艺符合相关标准或 PBV 推荐方案，就授予许可证。

无论是产品还是施工工艺，获得 PBV 防渗设施证书仍是这类防渗设施的强制要求。具有 PBV 证书的防渗设施具有很多优点，可以确保最终结果具有更大的确定性，否则需要建设额外的配套工程设施。

此外，如果持有工艺认证证书，有时保险保费也会给予折扣。

如果设施已根据 KOMO 工艺证书进行施工，合格检验员对该设施质量进行评估会更容易，反之就会困难一些。合格检验员根据简单的"书面检查"，即可颁发 PBV 防渗设施证书。

A5.2.2 排水系统

现有的混凝土下水道往往做不到完全防渗。对于地下管道，即使已制定有效的检查方案和企业应急方案，排放得分也几乎不可能小于 2。在《荷兰工业企业土壤污染防治指南》体系的基础上，把风险水平降低到可接受水平（土壤风险类别 A*），需要开展大量的土壤质量监测，以降低企业排水系统周边土壤的污染风险。目前，达到上述目的所需的排水监测系统被认为是不合理的。

在建设（地下）排水系统时，如根据 CUR/PBV 推荐方案的规定正确选择材料和结构，就能使之充分防渗，进而使土壤风险保持在忽略不计的水平上。

排水系统渗漏通常不会被立即发现，从而导致土壤被污染。因此，针对排水系统的健全设计、定期检查和良好的维护管理都是必不可少的。《土壤保护设施计划》包含了 CUR/PBV 报告 2001-3《公司排水系统的管理和维护》[64]。基于该报告和 CUR/PBV 推荐方案 51，CUR/PBV 推荐方案 44[67]需要进行扩展，从而使地下排水系统可以获得有效的防渗设施证明。

A5.2.3 防渗容器

除了持有 PBV 防渗设施证书的防渗设施，还有其他类型的保护设施，结合一些特殊措施后，也可认为是防渗设施。例如：

● 防渗容器在建造施工时，所选用的防渗材料和设计都是给定的，但由于该容器位于工艺设备的特殊位置或存在特殊的设计，导致其不能按照 PBV 推荐方案进行检查；

☞ 为了使该构筑物可以被认定为永久的防渗设施，有必要制定一项定期检查的替代方案。例如，采用工艺设备的自动监测系统（泄漏检测）或内部定期检查。

● 用于危险物质储存的储柜或安全装置，按照现行施工要求进行设计；

☞　CPR15 指南[21，22，23]描述了应存储在这类储柜或安全装置内的物质类型，以及这类容器的施工要求。

● 地下密封层必须完全防渗，并且包括密封层的泄漏检测装置。

☞　密封层必须尽可能满足 KOMO 工艺证书的要求。对于地下系统，由于无法进行目视检查，必须安装自动化监测系统。

在适当的情况下，这种防渗设施需要具备防渗排水系统。与 CPR 指南一样，容器容量必须为 100%。

A5.2.4　阻隔设施和滴盘

如果阻隔设施或滴盘具有一个有效的维修检查程序或自动监测系统，以及有效的清理设施和训练有素的员工，则可被认定为土壤保护设施。

a　阻隔设施

非防渗设施也会在污染物和土壤之间形成物理屏障，但只有在发生泄漏、溢出等情况后，污染物在渗入土壤之前被及时清理掉，非防渗设施才能够对土壤起到保护作用。目前，还没有针对 PBV 阻隔设施制定检查或设计标准。

阻隔设施的示例如下：

● 采用一般行政命令特别说明的、没有必须要求获得 PBV 防渗设施证书的土壤保护设备；

☞　采用明确和具体的阻隔设施安装和检查规范来确保土壤得到保护；

● 外部路面（如混凝土板或连续路面）；

● 室内地板包括瓷砖或混凝土板，接缝处未完全修整；

● 存放大型储罐的储罐坑底部由防渗黏土层组成，黏土层上可选择覆盖沙土、砂石或覆草（见 CPR 9.2/9.3 [19，20]）。

阻隔设施的设计应该能够确保收集的污染物在清理工作实施之前不会发生溢出。毋庸赘言，污染物性质，如黏度和溶解度都很重要。此外，阻隔能力取决于是否存在裂缝及其大小。

污染物可以通过裂缝渗入土壤，特别是在清理活动不能立即开展时。因此，如果存在溢出和泄漏情况时，这类保护设施所提供的土壤保护的水平是有限的。

b　滴盘

容纳能力有限（＜100%）的防渗设施也属于此类别，如排水点的滴盘。

滴盘必须防渗，但钢质滴盘和塑料滴盘等其他设备都不将被颁发 PBV 防渗设施证书。企业可以自行检查并保持这类设施的清洁。

B1

┃减少风险扩散┃

B1.1 风险扩散

土壤风险再小，也存在污染的可能性。专门性土壤调查是发现工业活动是否已造成了显著土壤污染的唯一方法。必须开展土壤调查的地点以及调查频率，取决于风险扩散情况（见 B 1.4）。

根据《荷兰工业企业土壤污染防治指南》，可以通过监测土壤质量以降低风险，使土壤风险达到可接受程度（见 B 1.5）。

是否开展以降低土壤质量风险为目的的监测也取决于风险扩散的情况。为此，《荷兰工业企业土壤污染防治指南》规定：当计划开展的监测和现有的土壤污染防控措施、设施相结合，可使最终排放得分为"2"时，可通过加强工艺特定环节监测的方式，使土壤污染风险达到可接受的水平（土壤风险类别 A*）。

《荷兰工业企业土壤污染防治指南》的出发点是在工厂改造或新建过程中，必须通过一定的措施和设施来确保土壤风险可以忽略不计。在这种情况下，就没有必要开展以降低土壤质量风险为目的的监测。

❖ **确定风险扩散情况的探究性研究**

风险扩散情况可以在全面的探究性研究基础上予以确定，且需要收集以下数据：

- 工业场地的污染源地点与形式；
- 所使用或储存物质的流动性、溶解性和挥发性；
- 土壤剖面和水文地质。

对于每一项工业活动，都必须在探究性研究的基础上，辅以必要的实地研究，调查这些物质可能出现在哪里，以及如何扩散。采用这种方式，就可以制定一项详细的研究策略，以确定污染源地点（位置、深度），以及如何监测土壤质量的变化，从而明确工业活动是否会造成土壤污染。

探究性研究的结果可以用来确定信号值，选择土壤污染调查的采样点位，并设计监测与减少风险的定量系统。

B1.1.1 企业场所与潜在污染源

为避免土壤污染调查中遇到突发情况，必须收集企业成立和企业设施的历史信息。下表总结了与此相关的数据。

必须明确在企业厂址上的各项活动，特别是可能会发生排放的位置。在决定取样点位时，现有路面、送料口和排水口等的位置都会产生重要影响。污染源类型划分如下：

a 点源

点源是指最大水平尺寸小于 2.5 m 的污染源，例如，泵、小型机器或储罐。

点源的中心可以作为一个潜在的排放位置。

b 线源

线源是指线性污染源，例如，管道、下水道、排水沟、缝隙或输送皮带。在确定线源的监测点时，要区分连续管道与其中的点源，例如，接头、法兰或过渡部分。特别是这些"薄弱环节"可以视为潜在排放位置。

c 面源

面源是指各个方向水平尺寸大于 2.5 m 的污染源。例如，从事一项或多项工业活动的一个楼层就是一个面源，而不能视为多个单独的点源。在这种情况下，路面上所有共同的企业活动都可能产生不可预知的排放点。

如果面源下方的地面均具备防渗阻隔层，那么与防渗阻隔层相连的污染物排放口成为潜在的点源。

等级	必要信息	理想信息
地区	区域信息（监测井等）	
工业场地	• 企业的当前活动地点和历史活动地点； • 土壤污染的历史情况和规模，包括所涉及的工业活动、土壤保护措施和设施； • 潜在土壤污染物的完整清单	• 早期土壤调查结果； • 当地地形，如海拔和地表水等
取样点	• 地下基础设施（管道、电缆等）的现状； • 挖掘的土壤剖面（垂直砂水渠、旧地基等）； • 路面的状况和类型	

B1.1.2 利用物质有关信息

物质的特性将影响其扩散行为，从而影响证明土壤受该物质污染的可能性。在确定采样点位时，必须首先了解污染物相关特性，但很难根据污染物性质来制定最佳采样点位选取的一般规则。

一种物质的组成和降解会影响其污染方式。此外，物质在水中的溶解度和挥发性，决定是否需要监测其所在区域地下水和土壤空气中的污染物含量。土壤污染的可能位置也取决于物质密度（密度流量），以及物质与土壤的相互作用（流动性）。

等级	必要信息
一般	物质的组成（如果物质由多种成分组成）和性质； • 降解性及降解产物； • 水溶性（或正辛醇-水分配系数）； • 密度； • 蒸气压力（挥发性度量）

a　密度驱动型扩散

如果排放的液体密度大于地下水，就有可能存在相对于地下水的密度流。具体来说，密度流是一种额外的（垂直方向的）扩散分力，通常难以描述。密度流的表现形式取决于土壤成分、土壤剖面和物质的性质。只有在液体密度与地下水密度相差超过 2%时，才会存在密度流。下表显示了可能出现密度流的情况。

排放液体的密度	密度流的可能性
$<1.02 \text{ kg/dm}^3$	无
$\geq 1.02 \text{ kg/dm}^3$	有

密度流可以在垂直方向上产生一个额外的扩散分力。

b　流动性

污染物的流动性是衡量污染物相对地下水流动速度的一个指标。污染物的流动性取决于土壤和物质的性质。例如，土壤有机质含量高时，会吸附更多的（有机）物质，从而使污染物在地下水流动中的扩散速度大大减慢。

下表为基于迟滞因子的流动性等级划分。应当指出的是，要素流动性并非直接由迟滞因子推导得出。迟滞因子是衡量土壤中污染物扩散速率减缓程度的指标。

	污染物流动性	迟滞因子
1	高流动性	1～10
2	中流动性	10～100
3	无流动性	>100

有机化合物的迟滞因子可以采用以下公式进行计算（参见[3I]）。

$$R = 1 + 1\ 410 \times \%_{os} \times S^{-0.67}$$

式中：$\%_{os}$ —— 土壤中有机质含量的百分比；

S —— 污染物在水中的溶解度，mg/L。

原则上，土壤中的有机质含量值应该从一些化验结果得出。如果没有化验数据，可以从现场剖面推导出一个暂定值（见第 B I.I.3a）。下表给出了每个现场剖面的有机质含量的取值区间。特殊化合物的溶解度可以查询化学手册。

地点类型	有机质含量	
	全区间	数值
1. 圩区	5%～20%	10%
2. 河谷	5%～10%	7%
3. 人工沙台地	<2%	1%
4. 沙质土壤，含壤土/黏土/泥炭	2%～5%	3%
5. 沙质土壤，不含壤土/黏土/泥炭	<2%	1%
6. 含沙层，不饱和带	<2%	1%

无机化合物的流动性在很大程度上取决于土壤的氧化还原电位、pH 和阳离子交换量。因此，无机化合物的流动性和土壤的特定类型之间没有统一的关系。无机化合物的迟滞因子必须根据具体情况而定。

RIVM 已经计算了一些重金属的迟滞因子数值。所有重金属都被认为是不流动的。

只有在一定条件下，即酸性环境和低有机质含量情况下，镉和铅才会有流动性。但应注意的是，计算值的误差限度较大。《土壤保护法清理条例实施通知》附录中给出了重金属的等效数值，在附录中，除钼（中流动性）外，所有重金属都被视为不流动的。RIVM报告没有提供钼的数据。

其他的无机化合物，只有氰化物和含氰化合物在土壤修复时，目标值和干预值是固定的，不受土壤类型或其他因素影响。氰化物和含氰化合物是具有流动性的。对于氯化物、氨和硫酸盐等没有提及的无机化合物（非金属），除另有说明，都假定它们是流动的。

B1.1.3 土壤剖面和水文地质

土壤中物质的扩散很大程度上受到土壤异质性的影响。在土壤中可能会有"水文公路"（优先途径）。正如已知的，优先途径出现在明显分层系统中，而即使在明显的均匀沙质层中，也需要考虑优先途径。

下表列出了土壤剖面和水文地质的基本信息。

等级	必要信息	理想信息
地区	渗入或渗出	未来空间变化（自主发展）对地下水或地表水的影响
工业场地		附近地表水的水位、深度和位置，及其排放和/或渗流
取样点	• 土壤剖面的详细描述： - 基础设施下方至少 0.5 m 的不同土层 - 有机质（腐殖质）和黏粒含量（筛分粒径<2 μm） • 水文地质： - 平均最高和最低地下水位 - 地下水流向和流速	• 水文变量的自然变化（季节影响）

在探究性研究中，应尽可能了解潜在的优先途径。目前反映异质性的技术还不够先进，但在考虑测量位置的不确定性时，应该予以同等考虑。工业活动所需要的建筑设施，可能成为影响水文地质的主要因素。在确定土壤污染调查的取样点时，须尽可能地预测地下水流动的潜在变化。

一般来说，研究应基于土壤污染后可能的扩散路径，通常这些路径都在粗颗粒结构的土壤层中。

在任何情况下，探究性研究都必须识别具有最高渗透性的土壤层，了解污染物最有可能的扩散路径。

❖ **场地剖面**

场地的风险扩散程度直接取决于地下水流速度（流量/孔隙度）。而确定流速的首选方法是定期测量当地地下水平均上升高度。

如对此方法存在异议，则通过对场地类型进一步细分，可很容易地把风险扩散与水文地质情况关联起来。剖面类型划分是显示土壤动力学差异的一种简单方式。每个剖面都有地下水流动速度和土壤组成的特征模式。

现场剖面可以划分为如下类型：

（1）圩区：该区域的特点主要以人工排水为主，主要存在向上渗漏问题。非凸起覆盖层中的地下水流速应该在 0～5 m/a；

（2）河谷区域：因为接近自然排水，所以存在自然渗流的现象。地下水流速一般在 3～8 m/a；

（3）人工沙台区：比原先专门用于工业活动密封地表高出几米。地下水向下流速和水平流速在 5～10 m/a；

（4）沙质土壤：由最初包含黏土、壤土、泥炭的沙质覆盖层组成。地下水渗透和水平流速为 5～15 m/a；

（5）沙质土壤：具有非常薄的覆盖层或无覆盖层，渗透性强、地下水流速较高，达到 15～50 m/a；

（6）含砂层：具有较大的非饱和带（>8 m），在该区域的扩散情况可以作为基准。

如果不符合这些剖面的特征，应根据地下水流速和垂直通量（渗入或渗出）开展研究。尽管地下水流速的测量值更合理，但仍可根据现场情况和流速从下表中选择对应的剖面类型。

非饱和带的大小会影响所有土壤剖面中污染物的扩散。

现场剖面	地下水速度/（m/a）
1. 圩区（人工防渗）	0～5
2. 河谷（自然渗流）	3～8
3. 人工沙台区（渗透）	5～10
4. 沙质土壤，含壤土/黏土/泥炭	5～15
5. 沙质土壤，不含壤土/黏土/泥炭	15～50
6. 含砂层，非饱和带（>8 m）	不适用*

注：* 适用性衡量基准采用非饱和带的分散性。

B1.1.4　信号值的确定

信号值是指参考值与需要比较的测量值的差值，旨在确定土壤质量是否会受到影响。信号值必须尽可能的低，以便尽快观察到土壤质量的任何变化。另外，信号值必须能够与背景值明显区分。

决定信号值的三个要素：

● 检出限；

如果背景值低于分析仪的检出限，则信号值是基于测量值与检出限的差值。

● 取样和分析的变化性；

尽管采用了标准化的程序，在实验室分析和取样过程中仍可能会存在一些变化。建立信号值时必须考虑到这一点，并确定进一步的行动。

● 背景值。

a　土壤和地下水的信号值

土壤和地下水的背景值分别来自土壤样品和度量管中的观测值。

如果取样点位少于 30 个，信号值等于相关物质测量值的数学平均值乘以系数 1.3。如果取样位置较多，则信号值等于测量值的 98%。

b　土壤空气的信号值

只有存在挥发性有机物时，才需要对土壤空气进行监测。挥发性有机污染物不是自然存在的，土壤空气测量的背景值应该为零。

这意味着信号值和选择的参数都很明确。信号值等于检出限。

在特殊情况下，背景水平会有所提高。在这种情况下，通常需要针对背景水平和信号值提高的原因开展调查。而由于不同的情况差异性较大，故无法制定通用的指南。

等级	必要信息	理想信息
地区		区域背景浓度
工业场地		工业场地的背景浓度
取样点	对于工业过程中所使用的物质，需要以下物质的化学性质信息： · 距离地下基础设施至少 0.5 m 的土壤； · 地下水（到目前为止，埋深大的地下水，这类信息实际还是有可能获得的）； · 土壤空气（只适用于曾发生挥发性土壤污染的情况）	· 取样点的背景浓度（例如，土壤和地下水污染物的浓度数据库，包括重金属、卤系化合物、矿物油、挥发性芳烃等

B1.2 土壤取样

土壤样品采集的目的在于通过与预设的信号值相比，及时识别新的土壤污染。

主管部门应该确保取样方案符合相关规定。原则上，开展检测可以不受主管部门的干预，也不需要与其协商。

B1.2.1 样品采集与分析参数的选择

从效率的角度来看，参数选择必须适合所分析的污染物。如果针对多种物质单独使用，这些物质必须包含在待分析物质的范围内。

如果这些物质以混合物的形式出现，必须选择至少两种与背景值最易区别的挥发性化合物和稳定化合物。应特别注意可降解化合物，其分解产物比原生化合物更易流动。

原生化合物和分解产物都必须进行分析。例如，顺式-二氯乙烯和氯乙烯（都是三氯乙烯、四氯乙烯的分解产物）。

B1.2.2 选择土壤取样分区

原则上，土壤调查点位可以位于任何一个土壤取样分区（土壤固相、地下水、土壤空气）。地下水是一种可靠的取样介质，土壤空气测定的可信度也相应增加。土壤空气取样的主要优点在于检测有可能在早期阶段进行。缺点是只能对挥发性物质进行测定。除土壤空气动力学以外，由于潜在的生物分解和蒸发的程度很高，有必要对土壤空气测量实施更高的标准。

虽然采集固态土壤颗粒进行污染物检测能够清晰描述土壤污染情况，但检测结果重现性差，取样过程对地层结构造成破坏，且费用昂贵。对于土壤质量监测，这种方法并不是非常可靠，在监测土壤质量降低风险的过程中，固相土壤取样不具有实际的可行性。

然而，采用任何土壤介质都无法获得最大可靠性（或100%的成功机会）。虽然数学描述可以基于100%的成功率，但尤其是土壤（微）异质性可能会导致该领域实际情况的描述与现场实践描述之间存在差异。

地下水和土壤空气是流动的土壤相。这意味着土壤污染物可以通过对流、扩散和弥散的方式进行传播。因此，通过对这些土壤相进行取样，有可能快速识别这些污染物。在对固相土壤取样时，异质性会发挥更大的作用。即使检测点位之间的距离很短，固相土壤中不同检测点之间的浓度差异也可能较大。

与地下水取样相比，检测的频率对土壤-空气系统的可靠性有着更大影响，主要是微生物对有机污染物的分解作用和挥发性有机污染物的挥发作用导致。

土壤取样分区的选择应该取决于以下要素：

● 与潜在污染源有关的取样点位置；

● 最低地下水位平均值；

● 物质的挥发性：如果一种化合物在 273 K 时的蒸发压力至少为 0.1×10^3 N/m²，则可视为具有挥发性。如果蒸发压力超过 100×10^3 N/m²，则认为具有高挥发性。

以下因素也会发挥作用：

● 如果潜在污染源和地下水平均水位之间的非饱和带小于 1 m，单一的土壤空气监测是不可靠的。由于毛细上升作用的影响，实际非饱和带会更小，很有可能导致地表洁净空气的吸引力过高，使采集的土壤气样品不具代表性。因此，首先建议采取地下水取样的方式。如果还需要对更多物质进行快速测定，根据当地的土壤剖面，还可以考虑土壤空气取样。如果污染物不易挥发，就不需要采集土壤空气样品。

● 如果污染源和最低地下平均水位之间的非饱和带大于 8 m，由于污染物扩散程度最大，不再允许地下水取样，挥发性污染物可以通过土壤空气进行监测。

● 当非饱和带的厚度在 1～8 m，取样分区的选择取决于污染物的挥发程度。

如果蒸气压力低于 0.1×10^3 N/m²，需要对地下水进行取样。如果蒸气压力为 $0.1 \times 10^3 \sim 100 \times 10^3$ N/m²（273 K），对土壤空气进行取样就是合理的。如果挥发性较高，单独进行土壤空气取样是不够的，还必须对地下水进行取样。

B1.2.3　取样与分析方法

根据 BRL SIKBB[①] 2000 规定，取样必须由持有有效证书的公司进行。该证书必须由作为 SIKBB 会员的认证机构发布。

样品的处理和分析，必须由 STERLAB 认可的实验室进行。

样品的制备与分析的方法和标准取决于待测定物质类别，有大量的标准适用于样品的制备与分析。《荷兰工业企业土壤污染防治指南》未提供适用特殊物质样本制备与分析的一系列标准。

B1.2.4　现场取样

在以降低土壤质量风险为目的的监测或土壤污染调查取样时，必须结合潜在污染源的

---

① 目前，SIKBB 正在致力于制定样品处理和分析的认证方案。一旦实验室获得从事此类活动的认证，即可视为等效机构。

形式，并尽可能地接近该污染源，通常是在下游进行：

● 每个点源必须至少设置一个取样点位；

● 对于线源和面源，取样点主要分布在确定风险的取样分区内，例如，灌注点，排水点，法兰、泵、管道/排水沟中的过渡段等。

根据这些前提条件，可以对监测点位进行分类，以便可以针对具有相同监测点位的不同活动开展土壤调查。

a 地下水

如果初步调查表明，可能存在人为的或自然的优先扩散途径，必须预测污染物沿着这些途径的扩散情况。这些优先途径不仅包括原先的水沟、电缆管道或沟渠，还包括垂直沉降（各向异性）或其他自然干扰。在这些情况下，必须监测优先途径。

a.1 取样线

取样线是指沿线设置了取样点位的线。一般来说，取样线的位置（与污染源的距离）要与现有的基础设施相匹配，如直接沿着人行道或处在两个建筑物之间。在这种情况下，要求取样线尽可能地接近污染源。当取样线与污染源的长度相等时，取样线必须延伸到污染源的下游。根据地下水流动方向，取样线必须设置在污染源一边或多边。下列情况应该予以区分：

● 明确地下水流方向

取样线要延伸到污染源的下游；

● 多向流

如果有明确的多向流动，取样线必须延伸到流动发生的所有方向；

● 地下水径流交替

在每年可能发生一次或多次径流交替的地方，必须设置取样线。

a.2 取样点位的间距

取样点位的间距取决于取样点位与污染源之间的距离。原则上，与污染源的距离越大，污染羽越宽，相应地，取样点位或监测井之间的距离就越大。根据这一准则，取样点位间距等于污染源和取样点位之间的距离。这个规则有两个例外情况：

● 靠近污染源或在其下方

如果取样点位靠近污染源或在其下方（<5 m），取样点的间距应该保持在 5 m。由于以下原因，通常认为缩短间距也是没有用的：

☞ 在非饱和带中，始终存在一些水平和垂直的污染扩散；

☞ 在两个监测井之间进行准确注入的可能性很小；

☞ 如果间距太小，将付出不必要的高成本。

● 与污染源的距离超过 10 m

在间距大于 10 m 时，监测井之间的距离成比例缩短。由于土壤的非均质性，液体沿着优选路径流动的风险会随着距离延长而稳定增长，所以最大间距绝不能大于 20 m。

b 土壤空气

通常，只有在污染源附近才会发生土壤空气污染，并且通过扩散进行传播。几乎没有任何压力梯度。挥发性有机污染物的挥发和生物分解，会使气态污染物边缘的污染物浓度迅速降低。因此，监测点主要定位在点源下方，或者与点源相距 1 m 的地方。

B1.2.5 土壤调查结果解释与评估

当土壤调查的一系列检测已经完成后，重要的是对结果进行正确的解释和评估。

必须明确是否需要采取措施，如果需要，该采取何种措施，这对于企业和主管部门都很重要。

a 汇报取样结果

土壤调查报告必须达到的精确性需要由企业和主管部门之间协商确定。这类报告的最低要求如下：

● 取样网络和监测方案概要；

● 检测结果；

● 对所观察到的所有信号值偏离进行汇总，并注明是否已报告给主管部门；

● 已采取措施的概况；

● 建议变更清单，以及为优化监测系统进行变更的情况。

评估报告的编制频率需与主管部门商定，并取决于取样频率。显然，如果中期需要采取有效措施，必须尽快与主管部门进行沟通。

b 主管部门的评估

根据信号值对分析结果进行评估。如检测结果超过信号值，则必须在一个月内进行重复检测。如果仍然超过信号值，需要通知主管部门，并开展第三次检测。

如果再次超出信号值，就需要对污染源进行调查治理，并且进一步与主管部门商定土壤修复事宜。如果主管部门和公司事先确定了土壤修复实施方案，应该在实施方案中明确修复措施。

B1.3　土壤污染调查

B1.3.1　概况

a　土壤污染调查的目的

在《荷兰工业企业土壤污染防治指南》第 A2.2.2a 和第 A4.4.4D 节描述了在预防性土壤保护背景下土壤污染调查的目的，本节就此类调查进行详细介绍。

b　土壤污染调查的基本原则

无论是否采用一定措施和设施，土壤污染调查必须明确土壤是否已污染。为此，必须建立土壤质量的基准。

基准状况是企业从事商业活动之前，获得许可证时的实际土壤质量。理想情况下，基准状况土壤调查结果应该附在许可证申请表中。

在开展相同的调查以确定土壤污染是否由相关的污染源造成时，基准状况可以作为土壤质量的参照。

旨在确定土壤质量的土壤调查将在工业活动终止后重复进行。

（在土壤风险可忽略不计的情况下）是否必须在中期进行这类调查，取决于土壤修复成本的可接受性；换句话说，取决于任何土壤污染的规模，以及可能释放物质的流动性。在给定的情况下，根据达到 10 m 羽长所需的时间，在估算修复成本将超过 22 500 欧元时，就可以确定临时土壤污染调查所需的频率。最大允许修复成本要符合《金融担保法令草案》（政府公报，2001 年 7 月 17 日 134 号）。

B1.3.2　建立土壤污染调查系统

a　土壤污染调查基准

第 B I.I 节中规定了建立土壤污染调查制度所需的信息。基准状况土壤污染调查应被视为旨在建立信号值的实地研究。

❖　**确定取样地点**

个别企业活动的土壤污染调查往往可以聚集在一起。由于硬化地面和排污沟渠的存在，单个不同场地产生的污染物，很可能通过同一个排放点进入土壤中。

因此，对于面源的土壤污染调查一般不需要广泛的取样网络。

取样网络的设计也取决于第 B I.I 节中探究性研究的成果，即取样和分析参数的选择，为开展土壤污染调查和取样点选择需进行适宜的土壤分区，依据 BI.2 节概述的注意事项来确定分区依据。

取样点最好分布在排放点下游的 5 m［高流动性物质（$R<10$）、非流动性物质（$R>100$）］和 10 m（流动性物质）之间。在指定取样地点时，必须考虑潜在污染源的形式和性质。第 B I.2.5 节的注意事项在这方面具有重要作用。

b 后期及中期土壤污染调查

❖ 确定取样方法和取样地点

在理论上，针对后期和中期情况的土壤污染调查，实地研究必须采用相同的方式，并且在基准状况调查的同一地点进行。化验结果按照信号值予以评估。详细参照第 B I.2.7 节。

根据实际原因，有时需要另外选择取样位置。在某些情况下，如因现场已建设路面或防渗地板，已不可能从坚实的土壤相取样，就必须采集充足的地下水样品，也可采用土壤空气样品予以补充。此时，最好能利用现有的监测井/过滤器。如果现有的监测井长期不用则可能无法使用。

由于工业区的建设及（临时）地下水抽取活动，土壤剖面、水文等特征可能较探究性研究确定的情形有所改变。

● 按照第 I.I.3a 节推荐，如果已使用监测井对地下水位进行了监测，则在确定取样点位时，需根据假定的运动方向对点位做出一定调整。有时需视情况变化设置新的取样点。

c 临时土壤污染调查频率

中期土壤污染调查的需求取决于潜在土壤污染的范围和土壤修复的成本（见第 1.3.1b 节）。通常，临时土壤污染调查的取样局限于通过基准状况调查的监测井/过滤器对地下水和土壤空气进行取样。

下表显示了是否必须开展临时土壤污染调查，如需开展，频率如何。临时土壤污染调查的频率取决于物质流动性和现场剖面情况。物质的流动性依据第 B I.I.2b 节确定，现场剖面情况依据第 B I.I.2a 节确定。

现场剖面	流动性等级		
	1**	2	3
1. 圩区	1 次/10a	*	*
2. 河谷	1 次/10a	*	*
3. 人工沙台区	1 次/10a	1 次/10a	*
4. 沙质土壤，不含壤土/黏土/泥炭	1 次/3a	1 次/7a	*

现场剖面	流动性等级		
	1**	2	3
5. 沙质土壤，含壤土/黏土/泥炭	1 次/a	1 次/2a	*
6. 含砂层，非饱和带>8 m	1 次/a	1 次/2a	*

* ：只需开展后期土壤污染调查。

** ：高流动性意味着相对较低的土壤修复成本，土壤剖面1、剖面2、剖面3中的物质不需要频繁进行临时土壤污染调查；土壤剖面5和剖面6要求的调查频率一般为每年固定一次，但当每年一次不足以检测到已经发生的污染时，可以根据当地（水文地质）情况确定。

在土壤剖面 5 和剖面 6 中，所需的调查频率出于务实的考虑，已固定为每年一次。但可想而知，根据当地（水文地质）情况，每年一次并不足以检测已经发生的污染情况。

B1.4 以降低土壤污染风险为目的的监测

B1.4.1 概况

a 旨在降低土壤污染风险的监测

《荷兰工业企业土壤污染防治指南》把"以降低土壤污染风险为目的的监测"定义为"采用特殊方法和有效频率监测靠近污染源的土壤，以尽早识别土壤污染"。降低土壤污染风险的监测目的在于限制土壤污染的范围，以及相应的土壤修复成本，使之保持在可接受的比例。

以降低土壤污染风险为目的的监测是一种管理措施，旨在一定条件下，将土壤风险降低至可以接受的类别（土壤风险类别 A*）（参见 A2.2.3 节和第 2.3 节）。根据《地上常压储罐（土壤保护）指南》和《土壤污染事故质量管理体系》（见第 A4.2.4 节）的规定，以降低土壤风险为目的的监测也可以作为土壤环境保护的一个工具。在这种情况下进行的监测，正是本节指南的实际应用。

采用以降低土壤污染风险为目的的监测方法，把"增加的土壤风险（土壤风险类别 B）"降至《工业活动土壤质量监测指南》（以下简称《监测指南》）规定的可接受的水平；该《监测指南》针对目标土壤调查进行了最新规定，并且形成了本节依据。[①]

企业特定部门关于将土壤污染风险降至可接受水平的决定需要得到主管部门的许可；审批主管部门与申请单位在基础原则和监测系统条件方面的密切协调至关重要。

---

① 过高强度的监测需求或不符合实际情况的土壤修复目标会阻止这种土壤保护策略的应用。

对于土壤风险可以忽略不计（土壤风险类别 A）的工业活动，不需要开展以降低土壤污染风险为目的的监测。

显然，以降低土壤污染风险为目的的监测并非对现有的土壤污染进行长期监测。

根据《荷兰工业企业土壤污染防治指南》的规定，保障土壤外部每个设施防渗性能的自动控制系统，如泄漏检测系统，不能被视为监测系统。这类系统可以减少排放机会，因此也是预防性措施（见 A5.I.2a）。

b **《监测指南》的基本原则**

《监测指南》旨在明确如下几点：

- 以降低土壤污染风险为目的的监测取样系统的设计、安装和运行；
- 为提高土壤质量监测效果相关的决策过程提供参考标准；
- 将取样系统投入运行的程序以及根据监测结果采取的行动。

有意识地选择《监测指南》中只包括许多已知的、在实践中已经获得许多经验的操作取样系统。因为政策倾向于在尽可能接近污染源的位置进行监测，所以土壤空气取样方式也具有了更大的优势。

实施《监测指南》可以确保取样系统的设计、结构和管理的充分、可靠和高效。

在可能的情况下，《监测指南》为最先进的监测技术进步留有一定空间。

为便于实施，已对许多标准进行了编号。《监测指南》的实际应用没有严格的限制，因此指南中各项决策标准的使用需要使用者具备一定的自主判断能力。

在该指南中，每种情况都尽可能地按照标准进行规划。因此，即使每个位置的水文地质和应用情况都是独特的，实施该《监测指南》仍可设计出标准的监测系统。针对任何此类标准方案的选择，主管部门和申请人必须达成一致。为每种具体方案编制草案规则，应该留有一定余地，从而适应各种情况的设计。该《监测指南》还概述了应遵循的程序。

B1.4.2 以降低土壤污染风险为目的的监控系统设计

在提交许可证或通知申请表之前的沟通中，企业和主管部门应在企业所开展的探究性研究的基础上，讨论开展土壤修复和土壤调查以减少风险的可行性（见 B I.I）。

在讨论取样系统的设计和实施时，公司和主管部门还必须考虑到超出既定信号值所产生的实际后果和组织后果，并明确采用土壤监控系统以降低土壤污染风险的可能结果。

为进行充分评估，必须采用以下资料来支持设计：

- 取样网络的设计。
  - ☞ 污染源清单，必要时，需进一步提供其说明书。该说明书侧重于可能发生泄漏的污染源的薄弱或关键环节等；
- ☞ 为了地下水或土壤空气检测而选择的取样点位置说明；
- ☞ 取样网格规范的初步方案。
- 监测计划大纲。
  - ☞ 列出污染源使用或拟用的相关物质，尤其是对土壤有害的物质清单。该清单应该包括采购的物质、生产过程中形成的物质及分解物；
  - ☞ 分析参数的选择说明，特别是针对土壤有害物质的一组指标使用说明；
  - ☞ 取样方法的选择说明，以及相关混合样本的组成说明；
  - ☞ 取样频率说明。
- 土壤修复实施方案。

如果主管部门根据建议计划和基本论点，同意通过监测减少风险，从而把风险降至可接受水平，则该公司就可以着手设计取样系统。以降低土壤污染风险为目的监控系统的核准是公司和主管部门协商的结果。

a 确定土壤监测分区

在以降低土壤污染风险为目的的监测中，取样分区的选择取决于土壤剖面、潜在污染物的流动性，以及在污染源附近取样的可能性。采用上述土壤取样分区方法的唯一前提条件是，假设相关测试将在最佳条件下进行，即采样频率对可靠性的影响在设计阶段保持在绝对最低限度。

a.1 土壤分区和取样间距的关系

如果以降低土壤污染风险为目的的监测是一种实现可接受的土壤风险的有效方法，那么在系统设计时，应尽可能采用成功机率更高的方法。在实践中，这种做法并不总是可行的，故该基本原则通常解释为"尽可能接近"。实际监测点与潜在污染源（或远或近）之间的距离，对于选择需要监测的土壤分区很重要。

如果污染源和必要的取样点之间的距离小于 5 m，即称为污染源取样。

在特殊情况下，可能需要进一步从污染源取样。在这种情况下，必须牢记，污染物不得扩散到场地边界之外。

只有对于地下水才有可能从污染源进行取样，因为物质的水平扩散主要是通过地下水，而不是通过固体土壤或土壤空气。一般来说，物质在土壤空气（如低压梯度）中绝不会水平扩散，因此必须在污染源处直接测量。否则，就很难观察到污染物。

如果发生如下情况，可能需要进一步取样，例如：
- 现有的贮存和转运设施。

在利用现有液体储存设施进行储存或转运的情况下，通往最佳取样位置的通道受阻，或取样器无法安装或到达采样点位。

● 禁止在防渗隔板钻孔。

在密闭设施中钻孔可能并不可行或被禁止，这也是取样间距更大的原因之一。而总体上，为安装取样设施也可以在防渗隔板钻孔。目前，对于钻孔的密封已有足够的技术解决方案。

防渗隔板可能成为不能靠近污染源设置取样点的一个原因，但可以将取样点移动至排水区或隔板的边缘。

● 密集的电缆和管道网络。

非常密集的基础设施网络，如电缆和管道，会让钻探或挖掘工作存在一定的不安全性。

如果不符合下列条件，在任何情况下都不允许在距离污染源大于 5 m 处取样：

● 非饱和带的厚度小于 8 m。

平均最低水位和相关污染源的间距必须不超过 8 m，如间距太大，在远离污染源处进行监测时，信号传输时间会变得太长，污染程度会变得太高，且禁止从远离污染源处取样。

● 污染物密度低于或接近水。

只有在污染物密度低于或接近水的密度的情况下，才允许在离污染源较远处取样。如果液体密度超过水密度的 2%（$\geq 1.020 \times 10^3$ kg/m³），产生密度流（物质以较高的速度垂直运动）的风险就会非常大。

a.2 选择土壤分区

以降低土壤污染风险为目的的监测的首选分区，可根据 B I.2.I 节中规定的注意事项予以确定。

在距离污染源大于 5 m 处监测土壤的唯一可能方式是采集地下水样品（可参见前面章节中规定的标准）。如果平均最低地下水位大于 8 m，考虑到扩散的最大程度，就不允许进行地下水监测。这意味着，在升高的含砂层（位置类型 6、通常类型 5 也适用），对非挥发性化合物通过监测土壤以降低风险的方式是不可行的。

对于其他土壤剖面，还有其他四种取样类型：

①对远离污染源的地下水进行取样，因为在污染源处取样是不可能的；

②在污染源处进行土壤空气取样；

③针对非常薄的非饱和带或极易挥发性物质，还规定了在污染源处的地下水和土壤空气的取样方式。可以结合土壤空气和地下水过滤装置进行测定；

④在污染源区域进行地下水取样。

a.3　测定信号值

B I.I.4 节介绍了通过建立信号值来评估以降低土壤污染风险为目的的监测的测量值的方法。

b　以降低土壤污染风险为目的的监测取样网络设计

设计有效的取样网络所需的信息来自 B I.I 节所介绍的探究性研究。

靠近污染源的取样网络设计必须符合污染源的形式：点源、线源或面源。

原则上，必须在污染源 5 m 范围内取样。需要注意的是，只有在非常特殊的情况下，并且有全面的参数提供支持，才允许在距离污染源 10 m 以外取样。在距离污染源超过 10 m 处取样过程中发现污染物泄漏，意味着存在重大污染，并且土壤修复成本过高。

c　以降低土壤污染风险为目的的监测取样频率

取样频率取决于物质的水文特性和性质（见 B I）。下表为根据不同物质的流动性，针对不同位置类型,确定的以降低土壤污染风险监测为目的的最小取样频率（见 B I.I.2a 和 B I.I.b）。

位置类型	流动性等级					
	1	2	3	1	2	3
	$1<R<10$	$10<R<100$	$R>100$	$1<R<10$	$10<R<100$	$R>100$
	无密度流			有密度流		
1. 圩区	1 次/a	1 次/3 a	1 次/10 a	2 次/a（c）	1 次/a	1 次/3 a
2. 河谷	1 次/a	1 次/3 a	1 次/10 a	2 次/a（c）	1 次/a	1 次/3 a
3. 人工沙台区	2 次/a（c）	1 次/a	1 次/3 a	2 次/a（c）	2 次/a（c）	1 次/a
4. 沙质土壤，不含壤土/黏土/泥炭	2 次/a（c）	1 次/a	1 次/3 a	2 次/a（c）	2 次/a（c）	1 次/a
5. 沙质土壤，含壤土/黏土/泥炭	2 次/a（c）	2 次/a（c）	1 次/a	2 次/a（c）	2 次/a（c）	2 次/a（c）
6. 含砂层，非饱和带＞8 m	2 次/a（c）	2 次/a（c）	1 次/a	2 次/a（c）	2 次/a（c）	2 次/a（c）

注：（c）＝连续采样。

但在《监测指南》的制定过程中发现，每三年一次或更少的取样频率，对于信号值函数的建立过于有限。取样频率低意味着长期不用的监测井质量退化，甚至"丧失"功能。

c.1 地下水取样

为了保证地下水取样网络的运行能力，建议两次取样之间的最大期限（包括维修检查）为两年。

如果取样网络的运行能力能够得到保证，如通过监测井的定期清洗，就可以采用上表中的取样频率。

❖ **首次取样时间**

在建议的取样周期内，若从污染源到取样线内的（新）污染物不会减少，就有可能在距离污染源大于 5 m 处取样。根据物质的流动性和水文地质特征（见 B I.I），在到达取样点之前，污染物需要移动一段时间。在工业活动已经启动的情况下，根据预期的污染物传输时间，可以与主管部门协商确定如何延迟第一次取样的时间。

c.2 土壤空气取样

如果频繁开展检测，可以认为土壤空气取样足够可靠。这种取样频率必须与相应物质的降解性和挥发性相适应。各种污染物的降解速率可能相差很大。假设进入土壤中的污染物在 6 个月内全部分解，在这种极端特殊情况下，会导致第一次土壤空气取样结果显示土壤没有受到污染。虽然检测结果与实际情况不符，但能够在 6 个月内分解完全的污染物所造成的风险很小。

另外，在土壤空气中的污染物传输程度取决于扩散速度，这通常是一个缓慢过程。

基于这两个方面（降解和扩散），有效的土壤空气取样系统所采用的频率为每年两次。企业应该根据具体情况，考虑是否安装（在线）检测设备。该检测设备包含一个与检测传感器连接的开关系统，开关系统可以交替地把不同取样点连接至检测传感器。虽然这台设备需要大量投资，但凭借广泛的取样网络，该设备可很快减少相关投入。

B2

防渗设施

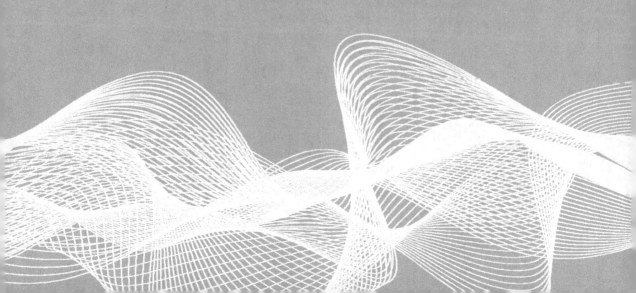

B2.1 地面、路面和密封

地面（室内）、路面（室外）和密封可划分为：

（1）地上设施

● 可采用 CUR/PBV 推荐方案 44[67]进行检测；

● 可采用另一种方式进行检测。

（2）地下设施

对于新建地下设施，根据土壤保护设施所需要的效果，必须优先采用防渗隔离设施，该设施可以根据 CUR/PBV 推荐方案 44[67]进行检测。对于这类设施，要求提供由合格检查员签发的有效 PBV 防渗设施证书，并且承诺永久进行必要的土壤保护。具有 PBV 防渗设施证书的防渗隔离设施具有当前最佳的密封水平。

许多设施可以被授予 KOMO 工艺证书。在新建或改建情况下，最好建造具有证书的防渗设施以获取更大安全性。

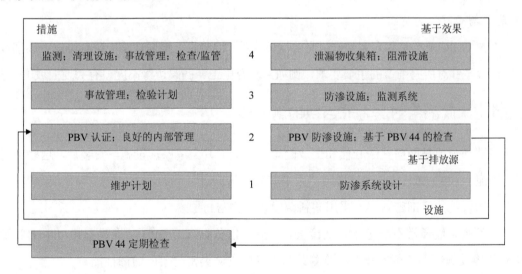

B2.1.1 防渗地面和路面

为证明地面或路面符合防渗要求，必须不时地对其进行检查。只有根据 CUR/PBV 推荐方案 44[67]进行检查并获得通过后，地面或路面才能被认定为合格的防渗设施并被授予 PBV 防渗设施证书。

如果因障碍物不能（临时）拆除，地面或路面不能按照该建议方案进行检查，则不能颁发该证书。在这种情况下，必须采用其他检查方式确保该设施的（永久性）土壤保护效果。

a　材料与系统选择

合适的防渗设施的选择在一定程度上取决于特定的用户需求和施工参数。B2.4 土壤保护设施中提供了材料说明和合适的设计形式。

针对 PBV，制定了《土壤保护设施详细设计手册》[17]。参照本手册可以取得良好的设计效果。

CUR/PBV 推荐方案 65[63]给出了设计和建造水泥地面或混凝土保护层的要求和规范。推荐方案 64[41]给出了防渗树脂保护层的具体要求和规范。

如果正在进行持有防渗设施证书的设施的施工，就能够确保地面或路面防渗。在这种情况下，假定根据推荐方案 44[67]对设施施工情况进行检查，就可以立即予以通过。检查范围比较有限。

如选择了某种防渗设施，就必须采用一种健全且系统的方法选择土壤防护设施类型、施工方式和材料种类。NIBV 给出了检查清单。可以通过对照检查清单和回答有关问题来选择合适的设施类型。《土壤保护设施详细设计手册》[17]中含有该检查清单。

b　施工与修复

根据 CUR/PBV 推荐方案 65[63]要求，必须对（混凝土）地面或路面进行维护。该推荐方案包含了针对所有细节的主要要求，例如，联合施工、凸起边缘高度、有关地面坡度。

B2.1.2　底部密封层：非目视检测设施

底部密封层是面向残渣仓储和工业园等的（地下）土壤保护设施。安装后，这些密封层采用泥土和/或填充材料进行覆盖，否则其会被污染。

防渗设施的底部密封层可采用塑料薄膜或矿物密封层[①]。

底部密封层通常不能进行目视检查。因此不能依据 CUR/PBV 推荐方案 44[67]颁发 PBV 防渗设施证书。可安装自动监测系统，以检查这类密封层的防渗性能。

B2.2　公司排水系统

现已起草的《排水系统指南》可用于支持地方市政排水系统管理[51]。

《排水系统指南》[②]探讨了市政排水系统有关管理要求、法律要求、设计原则和运行管理

① 对于矿物密封层（含砂膨润土、含砂膨润土聚合物、膨润土垫），根据《垃圾填埋法令》和/或《建材法令》规定，允许有一定程度的液体渗透。因此，上述密封层不防渗，相应地，根据《荷兰工业企业土壤污染防治指南》规定，可以不采用这种密封形式。
② 参见《排水系统使用维护指南》（InfoMil WO2）[61]。

要求。然而，《排水系统指南》并没有充分覆盖公司排水系统。从土壤保护角度来看，有必要对公司排水系统的质量提出具体要求。例如，公司排水系统是否防渗、耐热和抗化学损伤。

公司排水系统定义如下：

> 一种在公司场地内将公司废水排放至市政污水管的设施，或一种收集和运输废水的设施，包括全部的附属管路接头、排水管道和其他设施。

该定义引自 CUR/PBV 推荐方案 51[52]。其他设施包括但不限于阀门、油分离器、脂分离器、管道、排水管和污泥捕集器[54，55]。

公司废水可定义为工业废水 [a]，而不是生活污水 [b]。

除了涉及公司废水排放，公司排水系统还应包括不能立即处置或灾害期间产生的土壤有害物质的临时储存。

因此，排水系统的主要功能是收集、运输和排放废水。

> a 废水是指工业排放并经处理的水。
> b 生活污水是指来源于居民生活的废水，或与生活污水组分相近的其他来源的废水。

在排水系统中，废水可以在重力或压力下输送[56，57]。

（公司）排水系统可建在地表的土壤、桩基或枕木上（对于松软土壤，地下施工还可以利用枕木）。

公司工业废水、生活污水和/或雨水的排放可采用分流排水系统和合流排水系统。

因此，排水系统类型多样，各自在耐机械、耐化学和耐热方面差异较大。与地下管道相比，地上管道的优点是能及时发现泄漏。排水系统类型的选择取决于多个因素。

材料和排水系统部件必须符合已制定的标准。这些标准参见 CUR/PBV 推荐方案 51。通过检查这些材料和排水系统部件是否按照证书供货，可确定材料和产品是否符合标准。

现有（混凝土）排水系统不能完全防渗。由于没有地下管道的排放得分能够低于 2 分，即使是制订了有效的检验程序和公司应急计划，也无法达到可接受的风险水平（土壤风险类别 A[*]），所以需要在 NBR 体系的基础上，建立监控系统来降低公司排水系统的风险。目前，类似的监控系统还没有得到应有的关注。

如果根据 CUR/PBV 推荐方案 51，正确选择材料，建造排水系统，则可视为（地下）排水系统在施工期采取了防渗措施，从而其土壤风险可忽略不计。

业主负责维护公司排水系统的土壤保护功能，这意味着必须维修公司排水系统，至少包括常规检查。通常，排水系统渗漏不会被及时发现，从而导致土壤污染。因此，健全的设计、健全的检查和健全的管理/维护必不可少。为此，编制了《公司排水系统管理和维护》（CUR/PBV 报告 2001-3）[64]。

在报告和 CUR/PBV 推荐方案 51 基础上，需要扩展 CUR/PBV 推荐方案 44[67]，从而使地下排水系统可获得有效的 PBV 防渗设施证书。

● 油分离器和污泥捕集器

必须保证分离器或捕集器材质的耐用性。油分离器中废弃物不得穿过分离器壁或捕集器壁的裂缝。

目前，已针对各种分离器或捕集器制定了具体标准。在实践中，这些设施供货时必须提供证书，买方坚持这项要求对所提供的产品确保符合标准至关重要。

原则上，该项要求也适用于混凝土分离器和污泥捕集器，以及其他材质制成的分离器和污泥捕集器。然而，现已提出的与材质有关的要求仅作为一项补充要求。作为土壤保护设施计划的一部分，最近在"土壤保护设施"项目中开展了混凝土耐用性研究以及废弃物和其他材料运输机制研究。有关研究结果已被纳入 CUR/PBV 报告 98-7 混凝土油分离器和污泥捕集器[62]。

B2.3 防渗隔离设施质量

具有 PBV 证书的防渗设施代表了具有最先进技术的最佳土壤保护设施。

为确保防渗设施质量能够获得 PBV 证书，需说明或描述该设施的施工或维修符合标准和推荐方案。下一步，必须进行检查，以确认设施的供货或施工是否已符合规定要求。这意味着必须监督质量控制和测试措施的落实情况。

如果防渗设施持有 PBV 证书，该证书必须处于有效期内。

B2.3.1 PBV 防渗设施证书

有效的 PBV 防渗设施证书是保证防渗设施确实防渗的唯一方法。为此，必须对防渗设施进行目视检查。

该证书存在有效期。合格检查员根据以下标准确定有效期限：

● 地面或路面已使用时间；

● 当前用途和预期用途；

- 在检查时所观察到的液体渗透情况；

- 在检查时地面状况。

一旦超过上述标准确定的期限，必须对地面再次检查。

CUR/PBV 推荐方案 44[67]包含了评估地面或路面是否防渗的要求和规范。本推荐方案清晰地介绍了性能需求、测定方法和检查标准等方面的检查步骤。

该推荐方案还规定，必须由公认的合格检查员开展检查。

a 合格检查员的检查

只有合格检查员才能颁发 PBV 防渗设施证书。合格检查员或其受雇的公司必须由认证委员会认可的机构对其进行专门认证。认证应该依据 Kiwa/PBV BRL 1151[65]进行[①]。

合格检查员首先制定地面或路面以及可能的液体负荷的实际资料清单。然后，进行目视检查，查看可能会影响防渗性能的缺陷。

如果目视检查后怀疑设施的防渗性，检查员开展进一步调查。调查内容包括实际测试，主要目的是确定地面或路面是否存在深层缺陷。

上述 CUR/PBV 推荐方案 44[67]详细介绍了与检查有关的所有内容。

在检查完成后，检查员编制检验报告。报告需要表明地面是否防渗：

- 如果认为某设施防渗，检查员应出具 PBV 防渗设施证书，并注明其有效期限。

- 如果认为某设施不防渗，检查员应该出具"指导建议"，并指出具体的修复措施[②]。

在修复后，还必须进行复检。如果设施通过复检，应该出具 PBV 防渗设施证书，并注明有效期。

b 公司内部检查和强制检查

持有有效的 PBV 防渗设施证书并不免除防渗设施的所有者或使用者所承担的环境责任。因此，重要的是，地面或路面的使用者应自行开展常规检查，并在跟踪日志中记录检查结果/采取的措施。该日志必须妥善保存（见 A4.2.2b Ⅰ 部分）。

防渗设施的强制检查仅核查是否持有有效的 PBV 证书以及通过日志核查是否实施了一定措施。

CUR/PBV 推荐方案 44[67]提供了公司内部检查清单。合格检验员需要说明用户必须开展检查的频率和深度，并且利用日志确定下一检验周期。

公司内部检查可以作为预警。如果在公司内部检查中发现存在缺陷，建议咨询合格检验员。在检查周期到期前，地面的缺陷总是会扩大，如驾驶造成的裂缝或断面。检查员将

---

① 参照读者指南中"共同认可"一节。

② 对于非渗透性的、土壤风险可忽略不计的设施，并非始终需要对照检查清单，可参见 A3.3 部分。

基于通报判断该设施是否可以被修复或是否需要重新检查。

如果有关 PBV 设施发生了重大事故和/或在操作中发生了重大变化，合格检验员必须重新评估该设施是否防渗。

B2.3.2   《CUR/PBV 推荐方案》和《Kiwa/PBV 评估指南》

《CUR/PBV 推荐方案》（以下简称《推荐方案》）规定了设计技术标准、防渗设施的完工或检验。这些内容由参与各方协商后制定，反映各方都认可的最新技术状况。

《推荐方案》采用标准样式，但是具有私法地位。各方必须同意其应用实施，如工程说明书应给出技术描述，或如有需要在许可条件中予以规定。

《Kiwa/PBV 评估指南》（BRL）是认证的依据。BRL 介绍了对证书持有者的质量体系要求，以及认证产品或工艺应符合的要求。

尚未制定针对环境许可证中规定的 BRL 要求的产品或工艺的评估指南。如果所有规定内容均涉及，产品或工艺必须符合有关 BRL 要求，这样就会缺失认证机构开展的核查。在这种情况下，公司自身必须按规定开展检查，包括质量体系运行情况和产品要求实施情况的检查。

因此，最好能够参照认证产品或服务的使用情况，在这种情况下，认证机构也可以开展必要的检查。一般来说，BRL 的技术要求基于标准或推荐方案。因此，在实践中，只要说明该产品或工艺符合相关标准或 CUR/PBV 推荐方案即可。

B2.3.3   认证

认证是一种涉及生产商或服务供应商、依据既定的质量体系开展工作并受认证机构监督的制度，是质量体系认证机构代表生产商或服务供应商开展自查以确保产品或服务符合要求的一种有组织的、严谨的工作方式。认证机构需要验证自控措施确实已落实，并进行随机抽查以确定产品或工艺符合技术要求。生产商或服务供应商仍对其产品和/或服务的质量和使用负责。

产品和工艺认证的依据通常是国家评估指南（BRL，见 B2.3.2），可以从 Kiwa 认证机构或 PBV 官方网站获取（www.bodembescherming.nl）相关评估指南。

SBK（Stichting Bouwkwaliteit）是一个促进建设质量提高、关注建筑行业评估指南内容和结构的组织。SBK 是建筑行业 KOMO 认证标志的管理机构。

可以依据所颁发的 PBV 证书建设多个类型的土壤保护设施。

无论产品和/或施工工艺的认证如何，获得有效的 PBV 防渗设施证书都是这类防渗设施的强制要求。因此，在实践中，在环境许可证中说明该产品或工艺符合相关标准或 CUR/PBV 推荐方案即可。

具有 PBV 证书的防渗设施的施工具有许多优点，包括可以确保最终结果具有更大的确定性以及为获得 PBV 防渗设施证书需要更少的附加维护。

如果设施根据 KOMO 工艺证书进行施工，合格检验员更容易评估该设施质量，反之则很难进行评估。考虑到已使用的材料及其应用情况已记录在册，合格检验员开展（简单）"书面检查"并颁发 PBV 防渗设施证书即可。

❖ 认证类型

各种认证体系及其评级各不相同。主要类型包括：

● 产品认证。

需要开展产品认证检查，以确定某种产品是否满足 BRL 中的相关技术要求。通常，BRL 基于一项标准或规范。该技术要求不依赖于具体项目或环境，而是适用于所有情况。BRL 也是证书持有者和认证协会间协议的组成部分；

● 工艺认证。

工艺认证是指按照 BRL 规定的技术要求对工作方式进行验证。在不能依据最终结果完整地评估产品质量时，一般采用工艺认证方法。产品质量必须能够通过描述制造方法的方式进行认定。否则，采用产品证书中相同的属性进行认定。BRL 也是证书持有者和认证协会间协议的组成部分；

● 质量体系认证。

在质量体系认证中，生产商的质量体系依据 ISO 9000 系列标准进行验证。在这种情况下，需要核查组织结构，即企业组织及其业务。

这类证书不会说明产品或服务是否符合特定的技术要求。原则上，ISO 9000 系列标准可用于所有类型的企业。这意味着，这类证书需采用很概略的表述，因此，它们不适用于 PBV 产品。

作为 PBV 的一部分，为实现防渗路面对产品和工艺进行组合认证。在这种组合认证中，需要采用具有工艺认证的工艺铺设地面，并使用具有产品认证的产品。由根据 Kiwa/PBV BRL 1151[65]认证的合格检验人员依据 CUR/PBV 推荐方案 44[67]开展防渗检查。

B2.3.4 设施保证、责任和保险

在土壤保护设施建成后土壤绝不是零风险的。如果土壤保护设施失效，不仅会对运营商自身产生损伤，而且还会对第三方产生损害。在后一种情况下，运营商可能需要根据实

际情况承担责任。

根据所有险保单要求，运营商需要保证定期检查设施，同时必须明确责任和保证。参与各方如何就某事达成一致很重要。一般来说，《新荷兰民法典》规定了法律责任，但是参与各方可以就各种补充事项相互约定。目前，出现了许多新的法律责任，最常见的包括：

● 根据《工程实施统一管理条件》（U.A.V.）（1989）实施，没有补充条款。

如果根据《工程实施统一管理条件》（U.A.V.）（1989）制定合同，合同应该规定在维护期及以后一段时期内，由于隐藏缺陷造成的损失，合约商应承担责任[29]。

如果设施发生损坏，特别是如果承包商消亡，尽管并不易于实现，基于合同还是必须能够进行可能的追索。

对于承包商而言，他们的责任保险将可以赔偿这些损失。特别需要注意的是，在大多数保单中，并不涵盖对实际产品的损害赔偿。

因此，在这里讨论的是缺陷产品的损坏；

● 根据条件实施，并辅以企业保证。

在发生损害情况下，根据商定的条件，必须能够实现追索。补充的企业保证可作为一项扩展，因为这种保证通常只涉及产品本身。

但是，如果承包商消亡了，这种保证也不再适用。

如上所述，标准责任保险没有涵盖产品本身的损害赔偿，因此企业保证通常不包括标准责任保险；

● 根据条件实施，并辅以保险保证。

在这种情况下，如上所述同样适用，但有一个重要区别：保险涵盖了产品本身。这为协议期限内遵守保证承诺提供了保障，即使承包商消亡或保证承诺超出了承包商的财力。总之，不仅对运营商，而且对承包商都增加了确定性。

在含附加条件的保证证明中，通常都规定了保证内容以及承诺期限。通常的保证期限为 5 年，但是在特殊情况下也可以是 10 年。

B2.4 土壤保护设施

土壤保护设施内容详见《土壤保护设施设计与构造手册》[17]。

B3

特定措施与设施安装

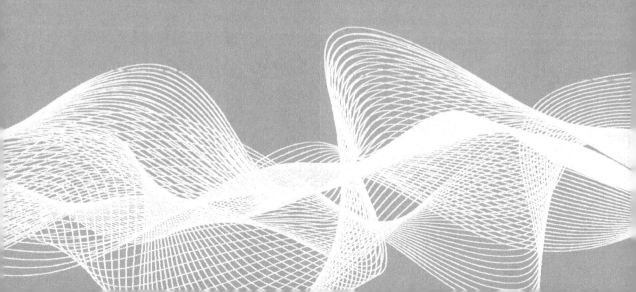

B3.1　作为环境保护组成部分的事故管理

在（质量保证的）环境保护体系内，文件中政策声明、程序和工作指南等起着至关重要的作用，而相应的登记和报告等也至关重要。关于事故管理的相关文件和程序综述见下表。

组成部分	建议	P R D
制定与土壤风险有关的环境保护政策	公司应发布将土壤风险降至最低的正式政策声明。在此政策声明中，应指出获得或维持风险水平（可忽略或可接受）的方式及措施。政策声明还应包含进一步降低和防范土壤风险的持续性任务。 土壤风险防范的政策声明可作为环境保护体系中政策声明的组成部分。 公司应拟定旨在防范和减少土壤污染、控制土壤风险并在土壤污染事故发生后全面恢复土壤质量的政策	D
土壤风险控制	土壤风险控制体系应包含以下方面（举例）： ● 基于低于可接受风险水平相应土壤污染事故概率的设计方案； ● 管理计划； ● 检查计划； ● 员工培训； ● 操作程序； ● 工作指南； ● 活动计划。 体系应包含开展活动的频率和程序，并明确所侧重的考虑因素	P D
	为确保组织措施得以正确执行，应保存行动记录，包括（举例）： ● 维护（内容、时间、方式、执行人）； ● 检查（内容、时间、方式、执行人）； ● 审核和认证； ● 培训注册； ● 具体操作的技能注册	R
性能及接受标准	在对土壤产生危害的活动中使用的所有设备（如处埋罐或储存罐、管线），除在其他方面外，还应在以下方面满足已有的相关设计、性能和接受标准/准则： ● 压力、温度性能标准； ● 抗腐蚀性能； ● 内部标准/准则； ● CPR 准则和/或 NEN 标准； ● 监测和/或渗漏检测标准（如果适用）	P R D

组成部分	建议	P	R	D
土壤风险的盘点及评估（发生风险的可能性及其带来的影响）；计划	应列出可能的土壤风险，包括发生风险带来的影响。应评估不同类别的风险。应定期查明潜在的风险点并进行评估		R	D
	在评估土壤风险时，应确定采用的必要技术手段（如油滴收集盘、检漏系统、吸附剂等）和组织措施（如维护、检查、培训、指导等）			D
	公司应证明自身采用了系统的土壤防治保护技术路线，其可以通过定期修订完善涵盖改进土壤防治保护措施和手段的行动计划来实现；应明确完善行动计划的责任人以及执行该行动计划的时间和（资金）方法			D
	公司应建立程序，明确土壤风险调查的责任人、实施方式和实施频率，以及保证完善土壤防治保护有关系统方法的具体方式	P		
法定和非法定要求（如事故报告等）	公司应熟悉有关法律和准则，以评估是否遵循相关法规。为此，公司应留存相关信息的记录		R	
（关于土壤污染事故及其防治）目标	应设定可评估的目标，并在有关程序中明确评估这些目标的方式和频率	P		D
责任和能力	职责说明应包含以下方面的责任、义务和能力： ● 检查和检验； ● 记录保存； ● 维护和修缮； ● 教育和培训； ● （外部）沟通； ● 内部审核。 员工应具备胜任工作的相应技能、教育、经验、足够的能力和方法			D
指导和培训	公司应重视教育和培训，以确保： ● 以产生最低土壤风险的方式开展有关活动； ● 以产生最低土壤风险的方式开展维护、检查和修缮。 为实现此目标，公司应明确可能对土壤产生危害的各项活动所需的技能和教育，并留存每位员工在技能和培训等方面的记录		R	D
	程序中应明确公司如何确保由有资质的员工（即具备技能和接受过培训等）开展可能对土壤产生危害的活动	P		
指导和培训员工	从事可能对土壤产生危害活动的员工应被告知土壤风险、降低土壤风险的技术手段和组织措施以及防止事故的责任和义务。 选择1：在程序中明确信息交换的方式以及指导的频率； 选择2：留存员工指导和信息咨询的记录（包括参会人名单）	P	R	
	程序还应明确通知外部承包商的方式。这些程序包括： ● 指导外部承包商的方式； ● 拟定协议的方式； ● 确保外部承包商按拟定协议执行的方式	P		

组成部分	建议	P R D
沟通	通常，有关事故管理的信息交换主要包括： ● 通知周边区域； ● 通知有关主管部门（如处理工艺变更等）	
	程序中应明确（土壤污染）事故管理有关沟通内容，可以包括： ● 外部沟通组织协调和记录的方式； ● 通知主管员工的方式； ● 负责不同沟通渠道的主管员工	P
	有关土壤质量管理和事故管理的函件应保存在中央档案馆，并在一定协定期限内留存	R
监测和登记	检查方法稳定性的措施（如土壤质量监测）	R
内部审核	不定期进行内部审核以评估： ● 操作是否符合有关程序或说明； ● 相关文件、程序和说明是否更新； ● 围绕初始目标组织措施是否有效； ● 体系是否正确运行。 内部审核结果报送相关主管委员会	D
	程序中应概述内部审核的频率、方法和参与内部审核的员工以及审核结果的评估方式	P
委员会评估	主管委员会应定期评估事故管理体系是否有效和/或得当，还应评估政策和目标，且必要时调整该体系（如质量改善周期）。 主管委员会在定期评估中可利用： ● 内部审核报告； ● 有关活动、检查和维护的记录； ● 事故登记； ● 其他	P D

本表可作为检查清单，用于土壤污染防治保护中事故管理框架内重要组织措施的设计和评估。本表并不完整；个别组成部分可能不适用于某些具体情况。本表对每个组成部分都进行了解释以判断是否适用于某种情况，并指出了在环境保护体系内的执行方式，具体区分为以下几种可能：

P：程序/工作说明；

R：登记/报告；

D：文件中政策声明。

B3.2 土壤污染事故管理体系

为达到可接受的土壤风险水平（土壤风险类别 A*），在某些情况下可运用土壤污染事故质量保证管理体系（见 NRBA 2.3.2 节和 A4.2.4 节）。该体系将进一步细化环境保护质量保证体系。

下表概述了用于处理土壤污染事件后土壤质量基准恢复的政策声明、程序和/或将要使用的工作指示、登记和报告，以及关于调整现有程序以防止今后发生事故的指示。本表应作为 B3.1 节中有关表的扩展，并列出了土壤污染事故管理体系的基本组成部分。

组成部分	建议	P	R	D
制定政策	环境政策的制定旨在全面恢复土壤污染事故发生后的土壤质量。 为获得可忽略/可接受的土壤风险，应维持一个持续改进的体系（基于"计划—执行—检查—行动"原则）			D
风险控制	制定减轻土壤污染事故影响的方法。该风险控制方法包括： ● 培训员工计划； ● 程序和工作说明； ● 事故抑制方法的管理； ● 监测土壤和土壤水质量	P		D
职责、义务和能力	职位描述中应明确土壤污染事故管理中员工的职责和能力。这些职责、义务和能力包括： ● 技能和培训； ● 事故报告； ● 公司应急计划的起草和维护			D
指导和培训	培训和指导旨在获得： ● 在土壤污染事故发生后防止物质进一步扩散的正确操作技能； ● 土壤质量的全面恢复		R	D
员工指导和培训	应向可能从事对土壤产生危害的活动的员工告知当土壤污染事故发生时采取的措施和行动； 当土壤污染事故发生时，所有相关员工和部门应进行沟通，讨论事故原因、需采取的行动以及将来修订组织措施的可能性	P	R	
沟通	有关土壤污染事故管理的沟通包括： ● 事故通知； ● 结合环境质量和/或水质量的政府服务，配合开展的活动、基本方法和措施； ● 与主管部门的配合			

组成部分	建议	P	R	D
公司应急计划	应急计划概述在土壤污染事故发生时依次采取的行动。这些行动旨在全面恢复土壤质量。 公司应急计划，除了其他事项，还包含以下事项： ● 土壤污染事故发生时的土壤风险、可能出现的情景和需采取的行动； ● 识别事故和土壤污染并发出通知； ● 拟采取的防止扩散的即时行动（如围堵液体、采用吸附材料、阻止泄漏、临时关闭设施或封堵管线）； ● 准备的后续步骤——土壤质量检测和土壤质量恢复； ● 可能采用的组织措施（如检测频率）和技术手段； ● 抑制事故潜在影响的可行方法； ● 员工的指导和培训			D
	有关"土壤污染事故准备和应对"程序应作为公司应急计划的组成部分。该程序包括： ● 事故的可能影响； ● 事故责任； ● 应急服务有关信息； ● 必须可用的方法； ● 涉及物质的信息	P		
	有关"防治措施修订"程序应作为公司应急计划的组成部分。为实现持续改善，应在事故评估的基础上，采用防止土壤事故的组织措施体系。这应在此程序内得以保证	P		
应急队伍	应组建经过专业培训的土壤污染事故处理应急队伍	P		
登记体系	建立土壤污染事故登记体系		R	
编制事故报告	为每个土壤污染事故编制事故报告，包括：			D
	● 事故发生地点和时间； ● 原有土壤状态和环境状况； ● 影响和效应； ● 采取的措施； ● 可能的跟进行动以及责任员工； ● 事故第一目击人； ● 负责事故定位的委员会； ● 报送主管部门的事故记录			D
评估	利用事故报告评估土壤污染事故。针对评估，可能需采用其他的组织措施和技术手段（如采用应急计划）。通过评估汲取事故教训（以改进类似事故的处理手段）	P		

本表可作为检查清单，用于土壤污染防治保护中事故管理框架内必要组织措施的设计和评估。本表并不完整；个别组成部分可能不适用于某些具体情况。本表对每个组成部分都进行了解释以判断是否适用于某种情况，并指出了在环境保护体系内的执行方式，具体区分为以下几种可能：

    P：程序/工作指南；

    R：登记/报告；

    D：文件中政策声明。

B3.3 清理职责

根据《环境管理法》（见第 I.Ia 节）和《土壤保护法》（见第 I 3 节）条款中的职责要求，公司无论是否已达到可忽略的土壤风险水平（土壤风险类别 A），均有义务对发现的污染土壤进行清理。

公司即使将土壤风险降到可忽略的水平（土壤风险类别 A），仍然负有清理职责。履行清理职责时必须采用针对不可忽略的土壤风险水平的风险降低策略。为此，土壤清理的行动计划应在考虑以下因素基础上取得主管部门审批。

根据 NRB，清理职责仅旨在减少未来污染（即基于 NRB 的许可证生效后）。由于采用了预防措施和设施，未来污染程度将很小。在 NRB B I 部分基础上，土壤污染调查最大限度地减小污染羽长度，从而降低清理成本。土壤清理的环境目标是将土壤恢复至土壤质量调查确定的基准水平（见"土壤污染调查"B I.4 部分）。

在金融担保条例框架内（"法令、法案和决议公告"，150，2003 年 4 月 15 日），估算清理费用为 22 500 欧元。该数值是对目前选用的清理技术的粗略估算。土壤质量恢复不应持续数年。

合理性原则在清理职责中发挥作用。比例原则（见"行政法通则"3.4 节）规定惩罚结果（土壤清理费用）和所获效益（恢复到基准）必须成比例。因此，主管部门需判断土壤清理结果是否与土壤污染严重性相匹配，特别是当：

●   土壤已明显遭受污染但污染无法量化时；

●   即时清理职责介入与持续操作不相符时。

恢复至基准状态是利用当前最新清理技术进行土壤清理的第一步［见《土壤修复方法手册》（66，Handboek Bodemsaneringstechnicken）］。

采用手册中的技术处理土壤污染时，在"最近 4 年"及"清理费用不超过 22 500 欧元

（或公司与主管部门间达成的其他金额）"条件下，存在一种或多种技术可将土壤恢复至土壤质量基准水平。通常，选择能在最短期限内达到最佳效果的技术。

清理职责的履行意味着将土壤至少恢复至土壤质量调查确定的基准水平。将土壤质量恢复至基准水平以上的技术优于仅符合标准的技术。

若没有符合标准的技术[①]，那么技术选择参照以下技术筛选原则（按优先顺序排列）：

（1）能将土壤质量恢复至基准水平、费用相当、但耗时更长的技术；

（2）能将土壤质量恢复至基准水平、耗时相当、费用也在事先商定的可接受范围内的技术；

（3）在现有标准范围内、考虑土壤质量调查设定的基准水平能达到事先商定的某种土壤质量目标[②]的技术。

---

① 若没有符合标准的可用技术，土壤风险防范策略不能获得可接受的土壤风险水平（土壤风险类别 A*），见 A2.3.2。
② 当土壤质量基准值高于以往土壤污染修复目标值时，至少应同时满足基准值和目标值。

读者指南

引 言

在荷兰住房、空间规划和环境部土壤保护署的倡议下，《荷兰工业企业土壤污染防治指南》（NRB）编制工作已于 1994 年年底完成。编制该指南旨在支持工业企业活动中的土壤保护政策的实施。该指南是主管部门的一项政策工具，能够帮助企业确定危害土壤环境的相关活动的风险，选择适当的土壤保护措施和设施，促进并支持许可证条件的制定（执行）。该指南是在主管部门、企业和行业协商的基础上制定的。以下机构加入了编辑及制作该指南的项目小组：

- 荷兰市政协会（VNG）；
- 各省协会（IPO）；
- 荷兰住房、空间规划和环境部的管理层（VROM）；
- 荷兰企业与雇主联合会（VNO / NCW）的环境与空间规划局（BMRO）；
- 荷兰咨询工程公司（ONRI）；
- 土壤保护设施计划项目局（PBV），荷兰土壤保护设施信息中心（NIBV），土木工程、研究和规范中心（CUR），以及 Kiwa 认证机构；
- 土壤保护知识网络（ENBB）；
- 环境许可和执法信息中心（InfoMil）。

《荷兰工业企业土壤污染防治指南》的编制原因

荷兰国家环境政策规划（NEPP）2 [4]规定了可持续土壤质量保护的出发点：

"土壤政策旨在实现和保护可持续的土壤质量。土壤必须能够服务于其自然参数适合的潜在目的。在实施这一目标过程中，关注是否能够实现相关的其他社会目标。目标实现方法是预防和清理。"

NEPP-2 提供了更具体的预防性土壤保护政策论断：

"政策旨在保持目标值作为衡量可持续土壤质量的标准。短期而言，采取合理、可行、尽量低的原则（ALARA），最大程度地减少污染。"

此外，NEPP-1 [7]中的第 44 条行动要点规定如下：

"在工业用地上采取预防措施。"《荷兰工业企业土壤污染防治指南》细化了荷兰国家土地政策。

从广义上讲，工业活动中的土壤保护受到以下法规约束：

- 基于《环境管理法》和《土壤保护法》的一般行政命令的规定；
- 基于《环境管理法》的许可条件；
- 《土壤保护法》第 I3 节的保护义务条款；
- 《环境管理法》第 I.Ia 节的保护义务条款。

上述法规为个别性解释和不同许可发证机构留有一定的空间，因此在许可证中需要包含各种条件。

许可证发放机构为了制定许可证条件，同时工业企业为了评估其设施，都认为需要明确和可理解的信息。因此，共同倡议编制并发布了《荷兰工业企业土壤污染防治指南》。

《荷兰工业企业土壤污染防治指南》的地位

《荷兰工业企业土壤污染防治指南》已在行政层面经荷兰住房、空间规划和环境部/环境总局（VROM/DGM）、水委员会联盟、荷兰各省协会和荷兰市政协会、荷兰土壤指挥联会（Stubo，原名 Stubowa）确认。因此，在评估土壤保护措施和设施的需求和合理性方面，该指南具有协调工具的地位。

虽然《荷兰工业企业土壤污染防治指南》没有任何正式的法律地位，但是其作为一种工具已在行政层面予以确认，所以该指南具有较强的导向功能。

《荷兰工业企业土壤污染防治指南》不具有法律约束力。但是，如果环境许可证的序言中存在明显的偏差，就有可能出现偏离该指南的现象。

因此，《荷兰工业企业土壤污染防治指南》的实施不是可选项。如有偏差，必须提供造成这些影响的明确理由，需要铭记的是：法律面前人人平等。

只有当《荷兰工业企业土壤污染防治指南》转化为许可证条件或一般行政命令时，才上升为具有法律约束力的法规。

公告

《荷兰工业企业土壤污染防治指南》可以帮助企业权衡可能的土壤保护方法。为此，该指南包含了合适的最新工艺设施和措施的现状描述。

由于环境许可证制度的广泛使用，2003年10月9日，为遵守欧共体理事会指令98/34/EC的第1部分第8条规定，针对信息社会服务专门制定了技术标准、法规和规章领域内的信息交换程序（OJEC L 204），《荷兰工业企业土壤污染防治指南》草案通报了欧盟委员会（公告号：2002/ 0390 / NL）。欧共体理事会指令98/34/EC 从1998年7月20日变更为98/48/EC 号（OJEC L 217）。

合理、可行、尽量低原则与《荷兰工业企业土壤污染防治指南》

《荷兰工业企业土壤污染防治指南》介绍了可以应用于对土壤存在危害的工业活动中的适合的土壤保护设施和措施，以遵循许可证条件中的合理、可行、尽量低原则。为此，参考了研究文献中提出的最佳可用技术（BAT），以及用于认证条件的评估指南（BRL）。

除此之外，该指南的"附加值"主要还在于可通过简单方式量化土壤风险，以及构建公司设施土壤保护决策模型（BBB）进行决策。

"决策模型"表明土壤保护措施和设施可以为每项危害土壤的工业活动提供防止风险的土壤保护。

《土壤保护设施计划》（PBV）对防渗设施的技术实现和评价至关重要。在建筑业的推动下，《土壤保护设施计划》参照防渗密闭设施，将《荷兰工业企业土壤污染防治指南》的总体框架和标准转化为技术规范。《土壤保护设施计划》包括建议、报告和评价指南等内容。该计划主要针对防渗建筑的建造，如楼层、路面和密封，以及排水系统，如水箱和水沟、公司下水道和集水池。

如果《荷兰工业企业土壤污染防治指南》的一些要点被采纳，就能体现出该指南对于《土壤保护设施计划》的价值。对于详细和具体的应用，应该参考单独的《土壤保护设施计划》文件。

相互认可

在欧洲共同体其他成员国国内合法制造或销售,和/或作为欧洲经济区协议的一方在一个国家合法制造或销售的土壤保护设施与服务，只要能够提供该指南所规定的同等级保护，就可以被认为是《荷兰工业企业土壤污染防治指南》所提及的设施和服务。

《荷兰工业企业土壤污染防治指南》的结构

为了提高《荷兰工业企业土壤污染防治指南》的可读性和实用性，该指南的第一个版本的内容（1997 年和 2000 年发表的单独章节）已经被细分为两个独立部分：

A 部分

A 部分是告知性内容，主要用于实现可忽略不计的土壤风险；在公司针对土壤保护策略做出决策，以及主管部门出具许可序言和许可条件时可以提供依据。

B 部分

B 部分是实质性内容，包含适合在特定情况下实施土壤保护的技术细节。

两个部分都可以针对不同用户群再次细分为独立部分。并非所有部分都与每个用户群有关。下图显示了各章节所适用的用户群。

> ∞ 黑色方框表示最重要的章节
> ∞ 灰色方框黑色字体是指与特定用户群相关的背景信息

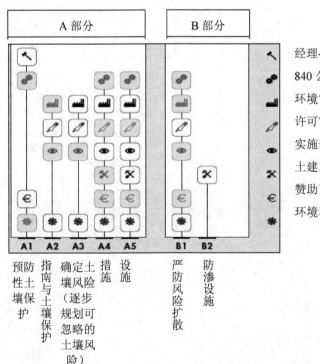

在选择、评估和采用土壤保护措施和设施的过程中，不同的用户群具有各自的责任。在下图中，这些责任都用斜体字表示；每种责任都以下划线予以指示。箭头显示了不同用户与其任务/职责之间的关系。

图左边是指《荷兰工业企业土壤污染防治指南》A 部分的信息和任务。右边主要是指可通过《土壤保护设施计划》（PBV）获得的信息（见第 B2 部分）。

土壤保护的任务与职责

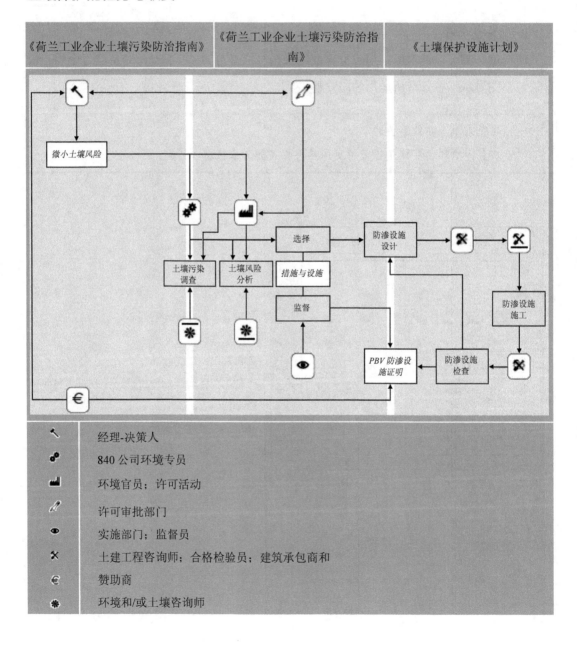

术语定义

可接受的土壤风险

采用风险监测、土壤调查和预期土壤清理（如果可能的话）使得增加的土壤风险能够接受的情形。

散装货物

松散粒状材料。

公司应急计划

公司为减少和消除危险（不希望）事件的影响所制定的相关准备和情况说明。

控制措施

见"控制措施"部分。

滴盘

具有一定防渗功能的设施，其土壤防护效果通过有针对性的监督和有效清理来保证。

清理义务

根据《环境管理法》和《土壤保护法》中的注意义务条款，一旦发生土壤污染，将土壤质量恢复到基准情况的义务。

排放

工业活动中的物质释放。

排放得分

特定工业活动排放可能性的衡量方法，根据已落实的土壤保护措施和设施来确定。

基于污染源的设施

设备层面的实物设施，用于限制排放可能性，如双壁槽体、无法兰连接软管和/或泄漏检测装置。

基于效果的设施

在土壤中或直接在土壤上的实物设施，用于限制污染物进入的可能性，如防渗设施、滴盘和/或挡水设施。

浸入

物质向土壤中的渗透。

防渗设施

基于效果的设施，如果给予有效的维护和充分的检查和/或监测，能够确保未暴露于液体的设施外部没有液体存在。

防渗系统设计

在工艺设施内或上方的基于污染源的设备，包括确保未经检查的液体不会从该设施中释放的装置等此类工艺设施的设计形式。

事故管理

避免和/或限制污染物排放进入土壤的措施，如在工艺操作故障时，采用适当的手段处理泄漏（良好的内部管理）或进行有效干预。

土壤风险增高或高土壤风险

在措施和设施已到位的情况下，未充分保护土壤的情形。

检查

对基于污染源或基于效果的设施的实际状态进行的定期检查。

挡液设施

一种非防渗设施，但能够将暂时释放的物质保留足够的时间，以便在渗透进入土壤之前清除掉。

控制措施

针对工业操作的措施，如控制设备和工艺设备，以及严谨的处理程序，包括维护、检查、监督和事故管理。

一般措施

基于污染源的措施，选择适合的工艺设计、工艺设备和材料，从而限制排放的可能性。

组织措施

以设施为中心、以控制土壤风险为目的的一般控制措施体系。

维护计划

规定采用何种方式、频率，以及由谁开展土壤保护设施维护，以保证设施的长期良好运行。

监测土壤质量以降低风险

见"土壤调查：监测土壤质量以降低风险"。

可忽略的土壤风险

由于各种措施和设施的良好协调，土壤污染的概率达到可以忽略的状态。

包装货物

包装材料（取决于聚集状态）。

等级得分

由于排放而产生的传播风险和土壤污染等级的得分。

土壤调查：土壤污染调查

调查的目的是明确评估土壤污染，追溯工业活动的结果；

它包括在工业活动开始前或刚开始，对土壤质量的基准状况进行的调查，以及在工业活动结束后，对最终情况进行的相同的土壤调查。土壤质量可以采用类似的方式在工业活动过程中进行调查（过程土壤调查）。

土壤调查：监测土壤质量以降低风险

监测的目的是尽早发现工业活动排放物的产生，以使土壤风险处于可接受程度。

土壤污染

由于土壤中污染物的渗入而观察到的土壤质量变化。

土壤污染调查

参照"土壤调查：土壤污染调查"。

土壤风险分析

参照"土壤风险检查清单"。

土壤风险类别

特定工业活动造成土壤污染的概率（和土壤污染的规模）的分类。

土壤风险检查表

用于评估在特定工业活动情况下的排放概率的工具；参见"排放得分"。

监督

在防止或发现泄漏、工艺设备故障的过程中，检查法案是否有效实施。

黏性液体

浆状液体，溢出时几乎不扩散。

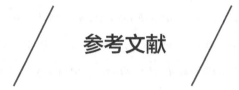

参考文献

[1] *Wegen naar een nieuwe milieuvergunning[Paths to a new Environmental Licence]*，Ministry of Housing，Spatial Planning and the Environment，1995（in Dutch only）.

[2] *Leidraad Bodembescherming[Soil Protection Guide]*（in Dutch），Sdu，1995（in Dutch only）.

[3] *Leidraad preventie in de milieuvergunning*，[*Guide to Prevention in Environment Permits* InfoMil，1996]（in Dutch only）.

[4] *Netherlands National Environmental Policy Plan 2.* Lower House of Parliament，session 1993-1994，23560，nos.1-2.

[5] *Beleidsstandpunt notitie "Milieukwaliteitsdoelstellingen bodem en water*（MILBOWA）" [*Policy position paper 'Environmental quality objectives for soil and water]*（Parliamentary documents Ⅱ 1991/92，21990 en 21250，no.3）（in Dutch only）.

[6] *Bedrijven en milieuzonering*，[*Businesses and environmental zoning: fully revised edition]*（in VNG，1992. Dutch only）.

[7] *Netherlands National Environmental Policy Plan.* Lower House of Parliament，1988-1989，21137，nos.1-2.

[8] *Ontwerp Bodemrisico-checklist[Draft soil risk checklist]*. TNO Environment and Energy technology，reference number 94-249，1994（in Dutch only）.

[9] *Eindrapport van de Commissie bodemsanering in gebruik zijnde bedrijfsterreinen[Final report of the Committee on soil remediation on industrial sites in use]*，1991，（in Dutch only）.

[10] *Bodemonderzoek Milieuvergunning en BSB，met protocol voor gecombineerd bodemonderzoek[Final report Environmental permit and Social remediation on existing industrial sites*（BSB），*with protocol for combined soil investigation]*，Sdu，1993，（in Dutch only）.

[11] *Nulsituatie-bodemonderzoek[Baseline situation soil investigation]*（in Dutch only）. Ministry of Housing，Spatial Planning and the Environment，1994.

[12] *Protocol voor het Oriënterend onderzoek naar de aard en concentratie van verontreinigende stoffen en de plaats van voorkomen van bodemverontreiniging*，[*Protocol for Exploratory research into the nature and*

concentration of contaminants and the location of the occurrence of contamination]，Ministry of Housing，Spatial Planning and the Environment，Sdu，1994，（in Dutch only）.

[13] *Protocol voor het Nader onderzoek deel 1 naar de aard en concentratie van verontreinigende stoffen en de omvang van bodemverontreiniging*，[*Protocol for further investigation part I into the nature and concentration of contaminants and the scale of contamination*]Ministry of Housing，Spatial Planning and the Environment，Sdu，1994，（in Dutch only）.

[14] *Bouwen op verontreinigde grond: een gebruiksspecifieke benadering.*[*Building on ontaminated land: an approach based on use*]. ffNG，1995，（in Dutch only）.

[15] *NVN 5740. Bodem. Onderzoeksstrategie bij verkennend onderzoek*[*Soil. Research strategy for exploratory investigations*]，NNi，1991（in Dutch only）.

[16] *Systematiek voor tijdstipbepaling- Eindrapport van de Werkgroep Tijdstipbepaling*[*System for determining timing-Final report of Working party*].*3/4 WACO/*Tauw Milieu，Rapportnummer R3455297.H06，July 1996，（in Dutch only）.

[17] CUR/PBV-Rapport 196 *Handboek "Ontwerp Bodembeschermende Voorzieningen"*，commissie D40 van het PBV，[*Handbook 'Design of Soil Protection Facilities'*]，Stichting CUR，1996，（in Dutch only）.

[18] CPR 9-1. *Vloeibare aardolieprodukten: ondergrondse opslag in stalen tanks en afleverinstallaties voor motorbrandstof*[*Liquid oil products: underground storage in steel tanks and delivery installations for engine fuel*]，Commissie Preventie van Rampen door Gevaarlijke Stoffen，[Committee for the Prevention of Disasters with Dangerous Substances] 5th Impression，Sdu 1995，（In Dutch only）.

[19] CPR 9-2. *Vloeibare aardolieprodukten: bovengrondse opslag kleine installaties.*[*Liquid oil products: above-ground storage small-scale installations*]，Commissie Preventie van Rampen door Gevaarlijke Stoffen[Committee for the Prevention of Disasters with Dangerous Substances]，SdU，1985（in Dutch only）.

[20] CPR 9-3. *Vloeibare aardolieprodukten: bovengrondse opslag grote installaties.* [*Liquid oil products: above-ground storage large-scale installations*]，Commissie Preventie van Rampen door Gevaarlijke Stoffen，[Committee for the Prevention of Disasters with Dangerous Substances]，SdU，1984（in Dutch only）.

[21] CPR 15-1. *Opslag gevaarlijke stoffen in emballage: opslag van vloeistoffen en vaste stoffen*（0–10 ton）[*Storage of dangerous substance in packaging: storage of liquids and solid substances*（0–10 tonne）]，Commissie Preventie van Rampen door Gevaarlijke Stoffen，[Committee for the Prevention of Disasters with Dangerous Substances]，SdU，1990，（in Dutch only）.

[22] CPR 15-2. *Opslag gevaarlijke stoffen，chemische afvalstoffen en bestrijdingsmiddelen in emballage，opslag*

van grote hoeveelheden : opslag van bestrijdingsmiddelen bij producenten , synthese- en formuleringsbedrijven, opslag van gevaarlijke stoffen vanaf 10 ton, opslag van chemische afvalstoffen vanaf 10 ton. [*Storage of dangerous substance, chemical waste and pesticides in packaging, storage in large quantities: storage of pesticides at manufacturers, companies synthesing and formulating these, storage of dangerous substances as of 10 tonne, storage of chemical waste as of 10 tonne*], Commissie Preventie van Rampen door Gevaarlijke Stoffen, [Committee for the Prevention of Disasters with Dangerous Substances], SdU, 1991, （in Dutch only）.

[23] CPR 15-3.*Opslag bestrijdingsmiddelen in emballage : opslag van bestrijdingsmiddelen in distributiebedrijven en aanverwante bedrijven（vanaf 400 kg）* [*Storage of pesticides in packaging: storage of pesticides at distribution companies and allied enterprises（as of 400kg）*]. Commissie Preventie van Rampen door Gevaarlijke Stoffen, [Committee for the Prevention of Disasters with Dangerous Substances], SdU, 1990, （in Dutch only）.

[24] CROW-publication 41, *Bijzondere verhardingen rondom en in gebouwen*[*Special pavement around and in buildings*] C.R.O.W..

[25] *Standaard RAW Bepalingen 1995*[*Standard RAW provisions*], amended October 1996, C.R.O.W., 1996, （in Dutch only）.

[26] NEN 2741, *Met cement gebonden dekvloeren. Kwaliteit en uitvoering*[*Cement screed. Quality and execution*]. NNi, 1982, （in Dutch only）.

[27] CUR-Aanbeveling[Recommendation] 44 *Vloeistofdichtheid betonvloeren en -verhardingen*[*Impermeable cement floors and pavements*], Stichting CUR, 1996, （in Dutch only）.

[28] CUR /PBV-Aanbeveling[Recommendation] 44 , tweede herziene uitgave ; *Beoordelingscriteria van vloeistofdichte voorzieningen*[*Assessment criteria for impermeable facilities*], Stichting CUR, 1998, （in Dutch only）.

[29] U.A.V.1989, *Uniforme administratieve voorwaarden voor de uitvoering van werken 1989*[*Uniform administrative conditions for the execuiton of works*], C.R.O.W., 1989, （in Dutch only）.

[30] U.A.R.1986, *Uniform aanbestedingsreglement 1986*[*Uniform rules and regulations for tendering*], C.R.O.W., 1986, （in Dutch only）.

[31] *Verspreiding van stoffen bij bodemverontreiniging*[*Spread of substances in soil contamination*], RIVM report no.725201002, August 1990, P. Lagas, H. Snelting, R. van den Berg, （in Dutch only）.

[32] *Handleiding Beton & Milieu. Industrie en bodembescherming*[*Cement and Environment Handbook. Industry and soil protection*], Betonvereniging, Ministry of Housing, Spatial Planning and the

Environment，Stichting BetonPrisma，1996，（in Dutch only）．

[33] NEN 5995 *Aanmaakwater voor beton- en mortelspecie*[*Water for mixing cement and mortar*]，NNi，（in Dutch only）．

[34] *Handleiding Beton & Milieu. Tankstations en bodembescherming*[*Cement and Environment Handbook. Filling stations and soil protection*]. Betonvereniging，Ministry of Housing，Spatial Planning and the Environment，Stichting BetonPrisma，1994，（in Dutch only）．

[35] Beoordelingsrichtlijn[Assessment Guideline] BRL 2319. *Aanleg verhardingconstructies met bestratingselementen van beton welke vloeistofdicht zijn voor motorbrandstoffen en smeermiddelen. Richtlijnen voor het aanleggen van vloeistofdichte verhardingen ter plaatse van brandstofverkooppunten met elementen van beton*[*Construction of pavement with cement pavement which are impermeable for engine fuel and lubricants. Guideline for the construction of impermeable pavement at fuel sales sites using cement elements*]，Kiwa，1996，（in Dutch only）．

[36] Beoordelingsrichtlijn[Assessment Guideline] BRL 2362. *Aanleg vloeistofdichte erhardingsconstructies in ter plaatse gestort beton die vloeistofdicht zijn voor motorbrandstoffen en smeermiddelen*[*Construction of impermeable pavements in poured concrete in situ which are impermeable for engine fuel and lubricants*]，Kiwa，1994，（in Dutch only）．

[37] *Richtlijn voor de toepassing van asfalt op bedrijfsterreinen met een bodembeschermende functie*[*Guideline for the application of asphalt on business sites with a soil protection function*]，Publication series on soil protection no.1995/12，Ministry of Housing，Spatial Planning and the Environment，1995，（in Dutch only）．

[38] *Standaard RAW Bepalingen 1995，wijziging oktober 1996.*[*Standard RAW provisions 1995*]，amended October 1996，C.R.O.W.，1996，（in Dutch only）．

[39] CUR/PBV-Aanbeveling[Recommendation] 52.*Vloeistofdichtheid van bitumineuze materialen en constructies*[*Impermeableness of bituminous materials and constructions*]，Stichting CUR，1998，（in Dutch only）．

[40] *Rationeel Wegbeheer*（v/h SCW mededeling 60）[*Rational road management*]. Deel A：toelichting op de handleiding（1989）. Deel B：handleiding（1989）. Deel C：schadecatalogus（1990）[Part A：explanatory note to the handbook（1989）. Part B：handbook（1989）. Part C：damage catalogue（1990），C.R.O.W.，1990，（in Dutch only）．

[41] CUR/PBV-Aanbeveling[Recommendation] 64. *Vloeistofdichte kunstharsgebonden vloersysteme* [*Impermeable resin floor systems*]，Stichting CUR，1998，（in Dutch only）．

[42] *Kleines Handbuch des Säureschutzbaues*，herausgegeben von Friedrich Karl Falcke，Verlag Chemie

Weinheim/Bergstr., 1966.

[43] *Protocollen voor het toepassen van kunststof geomembranen ten behoeve van bodembescherming*（Deel I: Materialen, Deel Ⅱ: Aanleg en acceptatie）[*Protocols for the application of geomembranes for soil protection*]（Part Ⅰ: Materials, Part Ⅱ: Construction and acceptance）, Kunststoffen- en Rubberinstituut[Plastic and Rubber] TNO, 1992, （in Dutch only）.

[44] *Richtlijnen voor toepassing van geomembranen ter bescherming van het milieu*[*Guidelines for the application of geomembranes to protect the environment*], Publication series on soil protection no. 1991/5, Ministry of Housing, Spatial Planning and the Environment, 1991, （in Dutch only）.

[45] *Kennisdocument monitoring van lokale bodembedreigende activiteiten, opgesteld door Grondmechanica Delft*[*Research document on monitoring local activities hazardous to the soil, drawn up by Grondmechanica Delft*], Publication series on soil protection no. 1994/10, Ministry of Housing, Spatial Planning and the Environment, 1994, （in Dutch only）.

[46] CUR Aanbeveling[Recommendation] 33. *Granulaire afdichtingslagen op basis van zandbentoniet, al of niet in combinatie met geomembranen*[*Granular sealing layers based on sand bentonite, in combination with geomembranes or otherwise*], Stichting CUR, 1998, （in Dutch only）.

[47] Beoordelingsrichtlijn[Assessment Guideline] BRL 1130. *Aanleg van granulaire afdichtingslagen op basis van zandbentoniet inclusief combinatieafdichtingen*[*Construction of granular sealing layers based on sand bentonite including combined seals*].

[48] *Protocollen Trisoplast*[*Trisoplast protocols*], Grontmij, Second impression, 1996.

[49] CUR/PBV-Aanbeveling[Recommendation] 49. *Bentonietmatten in bodembeschermende voorzieningen. Beoordeling geschiktheid*[*Bentonite mats in soil protection facilities. Assessment of suitability*], Stichting CUR, 1998, （in Dutch only）.

[50] CUR/PBV-Aanbeveling[Recommendation] 50. *Bentonietmatten in bodembeschermende voorzieningen. Productie en verwerking*[*Bentonite mats in soil protection facilities. Production and processing*], Stichting CUR, 1998, （in Dutch only）.

[51] *Leidraad Riolering*[*Sewer Guide*].Ministry of Housing, Spatial Planning and the Environment, Stichting RIONED, 1992, （in Dutch only）.

[52] CUR/PBV-Aanbeveling[Recommendation] 51. *Milieutechnische ontwerpcriteria voor bedrijfsrioleringen* [*Environmental design criteria for company sewers*]. Stichting CUR, 1997, （in Dutch only）.

[53] *Leidingen voor het inzamelen en transporteren van afvalwater van bedrijfsterreinen. Inventarisatie van beschikbare kennis. Samenvatting 1995*, [*Lines for collecting and transporting waste water on business*

sites. Inventory of available know-how. Summary 1995].Ministry of Housing，Spatial Planning and the Environment/Kiwa，1995，（in Dutch only）.

[54] NEN 7087 *Vetafscheiders en slibvangputten. Type-indeling，eisen en beproevingsmethoden*[*Grease separators and sludge traps. Type categorisation，requirements and test methods*]. NNi，1992，（in Dutch only）.

[55] NEN 7089 *Olie-afscheiders en slibvangputten. Type-indeling，eisen en beproevingsmethoden*[*Grease separators and sludge traps. Type categorisation，requirements and test methods*]. NNi，1993，（in Dutch only）.

[56] NPR 3218. *Buitenriolering onder vrij verval. Aanleg en onderhoud*[*Outdoor sewers natural gradient. Construction and maintenance*] NNi，1984，（in Dutch only）.

[57] NPR 3221. *Buitenriolering onder onder- en overdruk. Ontwerpcriteria，aanleg en onderhoud.* [*Outdoor sewers under underpressure and overpressure. Design criteria，construction and maintenance*]，NNi，（in Dutch only）.

[58] NPR 3220. *Buitenriolering. Beheer*[*Outdoor sewers. Management*]. NNi，1994，（in Dutch only）.

[59] NPR 3398. *Buitenriolering. Inspectie en toestandsbeoordeling van riolen*[*Outdoor sewers. Inspection and appraisal of state of sewers*]. NNi，（in Dutch only）.

[60] NPR 3399. *Buitenriolering. Classificatiesysteem bij visuele inspectie van riolen*[*Outdoor sewers. Classification system for the visual inspection of sewers*]. NNi，（in Dutch only）.

[61] CUR/PBV-Aanbeveling[Recommendation] 65. *Ontwerp en aanleg van bodembeschermende voorzieningen. Uitvoering door middel van een vloeistofdichte betonvoer of –verharding of het aan brengen van een beschermlaag op een draagvloer van beton.*[*Design and construction of soil protection facilities. Execution by means of an impermeable cement floor or pavement or protective layer on a cement load-bearing floor*] Stichting CUR，1998，（in Dutch only）.

[62] CUR/PBV-Rapport 98-7 *Betonnen olieafscheiders en slibvangputten*[*Concrete oil separators and sludge traps*]. Stichting CUR，1998，（in Dutch only）.

[63] CUR/PBV-Aanbeveling[Recommendation] 65. *Ontwerp en aanleg van bodembeschermende voorzieningen. Uitvoering door middel van een vloeistofdichte betonvoer of –verharding of het aan brengen van een beschermlaag op een draagvloer van beton.* [*Design and construction of soil protection facilities. Execution by means of an impermeable cement floor or pavement or protective layer on a cement load-bearing floor*] Stichting CUR，1998，（in Dutch only）.

[64] CUR/PBV-Rapport 2001-3 *Beheer bedrijfsriolering bodembescherming Management and maintenance of*

company ewers（*soil protection*）]. Stichting CUR，2001，（in Dutch only）.

[65] Kiwa/PBV-BRL 1151 *Inspectie bodembeschermende voorzieningen*[*Inspection of soil protection facilities*]，Kiwa，2000，（in Dutch only）.

[66] *Handboek Bodembeschermingstechnieken*[*Handbook Soil protection techniques*]. SdU，1995（loose-leaf），（in Dutch only）.

[67] CUR/PBV-Aanbeveling[Recommendation] 44 ，third revised edition ；Beoordelingscriteria van vloeistofdichte voorzieningen[Appraisal criteria for soil protection facilities]，Stichting CUR，（mid 2001），（in Dutch only）.